U0326135

人工种植甘草

质量调控研究基础

梁新华 著

黄河出版传媒集团
宁夏人民出版社

图书在版编目（CIP）数据

人工种植甘草质量调控研究基础 / 梁新华著. —银川：
宁夏人民出版社,2017.6
ISBN 978-7-227-06679-8

Ⅰ.①人… Ⅱ.①梁… Ⅲ.①甘草—栽培技术—
研究 Ⅳ.①S567.7

中国版本图书馆 CIP 数据核字（2017）第 159347 号

人工种植甘草质量调控研究基础 梁新华 著

责任编辑 杨敏媛
封面设计 赵 倩
责任印制 肖 艳

黄河出版传媒集团
宁夏人民出版社 出版发行

出 版 人 王杨宝
地 址 宁夏银川市北京东路 139 号出版大厦 （750001）
网 址 http://www.nxpph.com http://www.yrpubm.com
网上书店 http://shop126547358.taobao.com http://www.hh-book.com
电子信箱 nxrmcbs@126.com renminshe@yrpubm.com
邮购电话 0951-5019391 5052104
经 销 全国新华书店
印刷装订 宁夏凤鸣彩印广告有限公司
印刷委托书号 （宁）0005614

开本 787 mm × 1092 mm 1/16
印张 9 字数 200 千字
版次 2017 年 6 月第 1 版
印次 2017 年 6 月第 1 次印刷
书号 ISBN 978-7-227-06679-8
定价 38.00 元

版权所有 侵权必究

前　言

　　十年，是人一生中的一个短片。感谢国家自然科学基金项目（项目编号 81260637 和项目编号 30600806）资助，让我有幸与我儿时的"伙伴"——甘草再续前缘，一步步由相识走向了相知，正所谓：深情不及久伴，厚爱无须多言。

　　2006—2016 年，一路有你，坚强的"沙漠卫士"，享誉国际国内的"国老"的陪伴，科研的路，我充实走过；因为有你，让我拥有了从而立之年至不惑之年为事业拼搏的宝贵的十年；因为有你，让我在这十年的拼搏中，能够在淡泊、恬静中细细梳理自己的思绪；因为有你，虽然忙碌、虽然辛苦，但我依然愿意选择遵从自己内心的呼唤，踏踏实实地去做自己想做的事情，在瓶瓶罐罐中潜心探索自己不知道的、想知道的，在三尺讲台上，迎来寒冬，送走酷暑，陪伴一批批年轻的莘莘学子从青葱走向成熟，而我也在这平凡而有意义的工作中不断充实自己，不断完善自己，让自己在静好的岁月中慢慢地、优雅地老去！

　　选择在这样一个春暖花开的时节，整理这十年积累的一些相对较好的实验数据，将它们撰写成我人生的第一本书，内心的感觉是十分复杂的，有不安，有希冀。不安的是书稿中所呈现的都是非常基础的、非常粗浅的一些研究结果，担心会浪费读者宝贵的时间去阅读它，所谓浪费他人的时间无异于图财害命，因此，惶惶然。然而，与这惶然相伴的却是促使我尽快完稿的希冀，是希望相关中药材研究领域的科研同仁们能对书中内容不足之处、疏漏和错误之处，不吝提出宝贵意见和建议的迫切心情，因为只有善意的鞭策，才能让人进步。

全书分为七章内容：第一章为甘草酸生物合成方面相关研究文献的简要概述；第二章、第三章为甘草酸生物合成中间代谢物质角鲨烯的提取、鉴定方面的研究内容；第四章、第五章为甘草中几种植物必需矿质元素含量水平、存在形态与甘草酸积累间的初步研究；第六章为甘草自身根系分泌物的提取、检测方面的初步研究；第七章主要围绕一些前期研究中对甘草酸含量有影响的因子，运用实时荧光定量 PCR 方法，开展了它们对甘草酸生物合成代谢途径中两种关键酶基因表达影响方面的研究。

感谢宁夏大学优秀学术著作出版基金和国家自然科学基金项目（项目编号 81260637）的资助，使本书能够顺利付梓。

感谢曾经在具体实验研究中给予我无私指导和帮助的各位老师！感谢曾经参与具体实验研究工作的各位同学！感谢在研究过程中热心帮助过我的各位朋友！感谢深情相伴、默默支持，给我无尽关爱的家人！

梁新华

2017 年 3 月于银川

目　录

1 甘草酸生物合成研究概况

目前,中国药典中所记载的甘草为豆科甘草属植物甘草(*G.uralensis Fisch.*)、光果甘草(*G.glabra.L.Gen.P1*)和胀果甘草(*G.inflate Bat.in.Act. Hort.Petrop*)的干燥根及根茎(国家药典委员会,2010)。公认最主要的药用成分是甘草根及根茎中的甘草酸,属次生代谢 β–香树脂醇型五环三萜皂苷类化合物,是被确定用以评价甘草药材、成药质量、制剂稳定性的优劣、制订药品的质量标准的依据。

1.1 甘草酸所属的三萜皂苷类的生物合成途径

甘草酸属于五环三萜类物质,是通过甲羟戊酸途径(mevalonate pathway,MVA 途径)合成的(见图 1-1)。甘草酸整个合成过程大体分为三个阶段:第一阶段由三分子的乙酰 CoA(acetyl–coenzyme A,CoA)缩合形成 3–羟基 3–甲基戊二酰–CoA(3–hydroxy–3–methylglutaryl–CoA,HMG–CoA)开始,其后在 HMG–CoA 还原酶(3–hydroxy–3–methyl–glutaryl–CoA reductase,HMGR)的催化作用下不可逆地形成具有 6 个碳原子的中间体甲羟戊酸(mevalonate,MVA),再经过焦磷酸化、脱羧化和脱水最终生成异戊二烯焦磷酸(isopentenylallyl diphosphate,IPP),IPP 异构化形成二甲丙烯焦磷酸(dimethylallyl diphosphate,DMAPP)。至此完成第一阶段 IPP 和 DMAPP 的生成,其中HMG–CoA 还原酶是该途径的第一个关键酶。IPP 和 DMAPP 两种同分异构体结合为牻牛儿基焦磷酸(geranyl pyrophosphate，GPP，C10），IPP 与 GPP 在法尼基焦磷酸合酶（farnesyl pyrophosphate synthase，FPS）作用下以头尾方式连接转化为法尼基焦磷酸（farnesyl pyrophosphate，FPP，C15），FPP 又在鲨烯合成酶（squalene synthase，SQS 或 SS）（甘草酸生物合成途径第二个关键酶）的作用下合成鲨烯（squalene，SQ），然后经鲨烯环氧酶（squalene epoxidase，SQE 或 SE）催化转变为 2，3-氧化鲨烯（squalene 2，3-oxide），2，3-氧化鲨烯再经该途径中第三个重要的关键酶 β-香树脂醇合成酶（β-amyrin synthase，β-AS）作用，生成 β-香树脂醇（β-amyrin），完成第二阶段鲨烯的合成和环化。接着进入第三阶段环上复杂的官能化反应，β-香树脂醇在细胞色素 P450 氧化酶（cytochrome P450）、糖基转移酶（glycosyltransferase）和 β-糖苷酶（β-glycoside hydrolase）等的作用下，经过一系列的氧化还原反应实现复杂的官能化反应过程，得到完整的甘草酸所属的三萜类（Choi D，1992；Asadollahi，2010；Seki H，2008；Langenheim J H，1994；Ohnishi T，2009；Hayashi H，2001；Hikaru Seki，2008；Hiroaki Hayashi，1999；Hiroaki Hayashi，2000；Hiroaki Hayashi，2004；Hiroaki Hayashi，1990；Ohnishi T，2009）。

上述甘草酸生物合成途径中，SQS 和 β-AS 是已有关于甘草酸生物合成研究文献资料中公认的整个途径中两个重要的关键酶（Han JY，2010）。SQS 处于代谢途径中 FPP 到其他产物的分支点上，FPP 除可以被 SQS 催化产生 SQ 外，还可以在其他酶的催化下产生赤霉素、类胡萝卜素等（Basyuni M，2009）。因此，调控 SS 的活性能够直接影响到 SQ 的生物合成，进而影响到以 SQ 作为前体的甾醇、三萜类等其他类异戊二烯化合物的生物合成，其含量和活性决定了后续产物的产量（朱华，2006）。β-AS 催化 2，3-氧化鲨烯生成 β-香树脂醇，是甘草酸合成的更直接前体物质，2，3-氧化鲨烯除可以经 β-AS 催化生成 β-香树脂醇，还可以在其他氧化鲨烯环化酶如环阿屯醇合成酶（cycloartenol synthase，CAS）等酶的作用下生成甾醇类物质，因此，β-AS 是控制形成甘草酸类化合物（齐墩果烷型）

或是白桦酯酸类化合物(羽扇豆烷型)的分支点,是甘草酸生物合成途径中下游的一个关键酶。

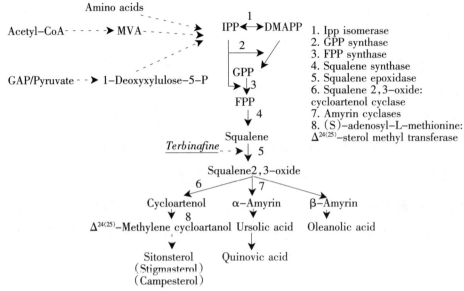

图 1-1　三萜皂苷的生物合成途径(摘自 Isvett J. Flores-Sanchez,2002)

1.2 甘草酸生物合成途径关键酶

植物萜类合成酶基因克隆自 20 世纪 90 年代初始有报道,迄今已克隆了多种植物的萜类环化酶,现就甘草中甘草酸生物合成途径中的两个关键酶 SQS 和 β-AS 的研究进展作简要阐述。

1.2.1 鲨烯合成酶

在豆科甘草属中已克隆得到甘草、黄甘草及光果甘草的 *GuSQS*。卢虹玉(2007)通过转鲨烯合成酶基因(*GuSQS1*),试图提高甘草中的甘草酸含量。该课题组(2013)曾分别采用不同的方法克隆了甘草的 *GuSQS1* 及 *GuSQS2* 的 cDNA 序列。*GuSQS1* 的 cDNA 序列长度为 1241bp,编码 413 个氨基酸残基组成的多肽,*GuSQS2* 的 cDNA 序列长度为 1239bp, 编码

412 个氨基酸残基组成的多肽。高雅(2015)以植物双元表达载体为载体骨架,*GuSQS1* 基因为目的基因,利用基因重组试剂盒构建了含有此外源基因的重组载体,并成功实现了该基因转入甘草外植体的工作,获得了过表达 *GuSQS1* 基因的甘草愈伤组织及试管苗。

在前期已完成项目实验研究中,我们发现高和极高浓度的 Zn 元素(0.15%和0.3%)处理,中、高和极高浓度的 Mo 元素(0.1%,0.15%和0.3%)处理,均可以促进甘草 *GuSQS1* 基因的表达(梁新华,2010,2011)。

此外,水分和盐分胁迫能够降低甘草酸合成前体物质的含量,提高甘草酸合成过程中的 SE 和 β–AS 两种关键酶的活性。水分和盐分胁迫下甘草植株中可溶性糖和淀粉及 β–香树脂醇含量与甘草酸含量显著负相关,β–AS 和 SE 基因表达量明显高于未受胁迫的处理。而钙可以提高甘草适应水分胁迫的能力。

1.2.2 β–香树酯醇合成酶

β–AS 催化形成齐墩果烷型五环三萜的骨架,因此 β–AS 是合成 β–香树酯醇的关键酶,它催化 2,3–氧化角鲨烯环化成 β–香树酯醇,进而形成甘草酸,因此,β–AS 在甘草酸生物合成中起重要作用。调控 β–AS 的活性或其基因的表达可以影响到甘草酸的最终积累。

日本学者 Hayashi H(2003)等从光果甘草的悬浮培养细胞中克隆出一个 β–AS 的 cDNA(*GubAS1*),Northern 杂交分析表明,该基因在细胞培养过程中的表达水平变化很大,而 *GuCAS* 基因的表达则保持恒定。一年后 Hayashi H(2004)等又分析了光果甘草组培细胞和植株中的 *GubAS*、*GuLS* 基因及 *GuCAS* 基因的表达模式,发现前二者和白桦酯酸及齐墩果烷型三萜的积累一致,*GuLS* 基因在培养细胞和根瘤中表达量非常高,而 *GubAS* 基因在培养细胞、根瘤和直播幼苗中的表达量也很高,茉莉酸甲酯(methyl jasmonate,MeJA)能提高培养细胞中 *GubAS* 基因的表达,上调

了 *GubAS* 的 mRNA,但是降低了 *GuLS* 的表达,下调了羽扇豆醇合成酶的 mRNA。赤霉素(gibberellin,GA)和 MeJA 的作用相反,合成植物甾醇的 *GuCAS* 基因在培养细胞和植株中的表达很稳定。

有关甘草中 *GubAS* 基因表达的时空特异性的研究表明,*GubAS* 基因在甘草地上部分没有表达,地下组织中,新陈代谢最旺盛的根尖部分表达量高于根茎。*GubAS* 基因在甘草全年生长周期中表达可以分为 4 个阶段:12 月至 2 月,*GubAS* 基因表达低于检测水平;3 月至 5 月,*GubAS* 基因开始表达,表达量逐渐上升;5 月、6 月及 8 月、9 月,*GubAS* 基因表达量保持较高水平;10 月、11 月表达量开始下降(刘颖,2012)。在该研究团队的另一篇研究报道中,他们利用基因重组技术及农杆菌介导法,成功构建了过表达 *GubAS* 基因的甘草再生植株(高雅,2015)。

甘草中 *GubAS* 基因表达除具有时空表达特异性外,培养环境中必需矿质元素对其表达也具有一定影响和调控作用。甘草中 *GubAS* 基因表达与微量元素锰的研究表明,随锰处理浓度的增加,一年生甘草移栽苗主根中 *GubAS* 基因相对表达量显著增加,超过 $18.1\mathrm{mg\cdot L^{-1}}$ 处理浓度时,*GubAS* 基因相对表达量开始下降(马生军,2014)。但有关必需矿质元素对甘草酸生物合成关键酶基因表达呈现促进作用的施用浓度,不同研究者所得结论不同。在我们的前期研究中,发现 Zn 元素所有处理浓度均可明显提高 *GubAS* 基因的表达,同时,随着 Mo 元素处理浓度的提高,*GubAS* 表达量增加(梁新华,2010)。

一些植物激素对甘草中 *GubAS* 基因表达也具有明显的影响。梁晓薇(2016)研究表明 $20\ \mu\mathrm{mol\cdot L^{-1}}$ 的 MeJA 溶液处理甘草 $0\sim6\ \mathrm{h}$ 对 *GubAS* 基因的表达具有一定促进作用。$50\ \mu\mathrm{mol\cdot L^{-1}}$ 的 MeJA 溶液处理 $0\sim2\ \mathrm{h}$ 对 *GubAS* 基因的表达水平有提高作用。$100\ \mu\mathrm{mol\cdot L^{-1}}$ 的 MeJA 溶液对 *GubAS* 表达无显著影响。

1.3 甘草酸生物合成的影响因素

1.3.1 矿质营养

中药材的质量和产地密切相关,土壤环境是直接影响中药材道地性的主要因素。

甘草主要生长在沙壤土上,土壤 N、P、K 元素含量偏低,碳酸钙含量和土壤全铜、全硼和全钼含量相对较高,全铁、全锰和全锌含量相对较低。土壤 pH 值平均为 8.89,变动范围在 7.59~10.10 之间。当土壤 pH 值在 7.5~8.5,甘草酸含量受土壤 pH 值影响较小;而当 pH 值大于 8.5,在一定范围之内,甘草酸含量随 pH 值的升高有上升趋势。在生长野生甘草的不同类型土壤中,以栗钙土所产药材的甘草酸含量最高,棕钙土、风沙土、盐碱化草甸土和次生盐碱化草甸土次之,碳酸盐黑钙土最差。过碱以及速效磷和速效钾含量高的土壤不利于甘草酸的合成与积累,而有效铜含量高的土壤有利于甘草酸含量的增高。根施一定浓度的锰也能显著提高甘草药材中甘草酸含量(Wang D,2012)。栽培试验证实,施入适当的钙肥能显著提高甘草药材中甘草酸含量,氮、磷两种肥料的施入却抑制甘草酸的积累,说明甘草具有较强的耐盐碱和抗贫瘠能力。

此外,土壤中重金属元素对甘草药材品质的影响自 20 世纪末也越来越受到人们的重视。《中国药典》和《药用植物及制剂进出口绿色行业标准》中对各种中药材均规定了其重金属残留限量。有研究学者以宁夏不同产区的甘草和土壤为研究对象,检测铅、镉、砷、汞、铜 5 种重金属元素,发现均有不同程度的检出,但含量很低。宁夏甘草种植土壤中上述 5 种重金属元素含量均低于《土壤环境质量标准 GB-15618-1995》二级标准,达到了一级标准,与当地土壤地球化学元素背景值相比较,只有 Cd 略高于背景值,其他 4 种元素和背景值相当,说明宁夏甘草产地土壤基本未受到重金属污染。但是甘草对土壤中的 Cu 元素具有较强的富集吸收能力（李彩虹，2016）。不同种类的药材对土壤中重金属元素的吸收、积累具有选择性，同一药材的不同部位对各种重金属的富集能力也不同（贾薇，2009）。重金属在从土壤向植物的迁移过程中，不仅与土壤中重金属含量有关，而且还与植物的生长年限、药用部位有关，同时也受到土壤理化性质和重金属种类、存在形态以及共存元素等因素的影响（张丹，2006）。

1.3.2 气候因子

研究表明，干旱、强辐射和较高的温度有利于甘草药材中甘草酸的形成与积累，较高的降水量和空气湿度则是甘草自然分布的限制因素。甘草对大气降水的适应范围较宽，从降水量不足 100 mm 到 500 mm 左右地区均可自然生长。在我国甘草的几个主要产区，从内蒙古经宁夏、甘肃至新疆，日照时数不断增加，$\geq 10℃$年积温亦逐渐增加，年平均降水量逐步下降，干燥度则逐渐上升，大陆性气候越发明显。正是这种独特的气候变化趋势导致新疆产甘草中甘草甜素与甘草次酸含量较甘肃及内蒙古所产甘草高。

1.3.3 甘草品种和产地

甘草酸在植物根和根茎中的积累变化受到遗传因素的限制，种类不同、产地不同的甘草甘草酸含量存在较大差异。

甘草一直被认为是甘草酸含量最高的种，而在相同条件下的胀果甘草、刺果甘草、刺毛甘草中甘草酸的含量则依次降低。但由于产地不同，我国的研究学者对甘草质量的评价结果也不尽相同，有学者认为不同产地甘草酸含量相差很大，新疆产的甘草、光果甘草甘草酸含量最高，而其他产地相对较低。其中甘草中甘草酸含量最高，并与胀果甘草、光果甘草和黄甘草呈显著差异,在云南甘草、刺果甘草和圆果甘草中未发现甘草酸(增路,1991)。高素莲等人(2010)的研究则表明,不同种间甘草酸含量最大相差7%以上。

由于受产地气候、土壤、环境等因素的影响,不同产地甘草中甘草酸含量存在较大差别。宁夏在历史上是传统的甘草的地道产区,其中宁夏的盐池县、灵武市、红寺堡区等及其周边区域系甘草的核心分布区,所产甘草皮红、质重、粉足、条干顺直、口面新鲜,史书冠以"西镇甘草",与内蒙古自治区杭锦旗、鄂托克前旗的"梁外甘草"齐名。史书《名医别录》《本草图经》《药物出产辨》有相关描述。由于宁夏盐池县有着种植甘草悠久的历史和独特的区位优势,1995年被国务院首批百家中国特色之乡命名委员会命名为"中国甘草之乡"。

此外,人工种植甘草、半野生甘草、野生甘草之间甘草酸含量也存在着显著的差异,其含量由高到低为野生甘草>半野生甘草>人工种植甘草。

1.3.4 生长季节和甘草生长年龄

有关人工种植甘草的一些研究文献表明,甘草根和根茎中甘草酸的含量随栽培期(1~3年)(也有更长栽培期报道的:1~5年)增加而提高,并且与根及根茎的产量的变化趋势一致。而对于野生甘草,在不同生长季节,其甘草酸含量有的学者研究表明在秋季最低,也有的研究者认为在秋季最高。药典中收录的光果甘草中甘草酸在不同生长季节也呈现一定的变化规律,一年生根中甘草酸量在8月到11月份增加,10~11月增加迅速;三年生根中甘草酸量从2~5月及8~10月增加,其中10月份达最大值。还有研究报道在甘草地上部分枯萎和枝条伸长时期,甘草酸的含量呈增长变化。有些研究学者认为3~4年的栽培甘草根中甘草酸含量较高。也有学者认为栽培甘草以4年的甘草酸含量最高,延长栽培年限甘草酸反而下降。

1.3.5 初生代谢产物

乙酰辅酶 A（CoA）是甘草酸合成的初始供体（魏胜利，2012），其主要来源为呼吸作用中的糖酵解途径。呼吸作用是植物代谢的中心，它的中间产物在植物体各主要物质之间的转变起着枢纽作用（潘瑞炽，2012）。植物在呼吸代谢中能够产生多种有机酸。有研究报道丙酮酸外源处理甘草后，可以显著提高甘草中甘草酸含量（杨春宁，2016）。有机酸对甘草酸积累的影响，很可能是通过影响甘草根系呼吸代谢中的三羧酸循环产生。因为三羧酸循环一方面可以影响中间物质的代谢，另一方面可以影响植物的能量代谢。三羧酸循环是物质与能量的代谢中心，是根系呼吸代谢的重要枢纽，特别对以根和根茎类入药的药材的中药活性物质的合成具有重要作用。

甘草酸作为甘草植物体内一种重要的次生代谢产物，其含量与甘草中的总糖、淀粉、粗纤维等初生代谢物质组分密切相关。有研究者通过对甘草中甘草酸、β-香树酯醇以及根茎叶中可溶性糖与淀粉进行逐步回归分析发现，可以通过调控植物体内的淀粉水解为可溶性糖来调节甘草酸的代谢，从而促进甘草酸的积累。从植物生理学的角度来看，植物生长的外界环境与栽培技术对植物代谢"源–库–流"之间的平衡影响很大，而"源–库–流"之间关系又对植物体内次生代谢产物的积累具有决定性的作用。甘草酸作为甘草植物体内的次生代谢产物之一，其含量与药材自身含有的总糖、粗纤维等物质组分以及淀粉等代谢物质有着必然的联系，外界条件不同，就会引起甘草中淀粉等代谢物质含量的改变，同时还会引起甘草根中总糖与粗纤维等物质组分的含量及比例关系改变，影响甘草代谢"库"中物质的积累、分配和竞争能力，代谢源与库能力大小的改变影响了代谢"流"的速率，从而影响甘草酸次生代谢的进程，最终导致甘草酸在甘草植株体内积累的相对含量与绝对含量受到控制。只是其体影响甘草酸积累的生物化学机理还不太清楚。

1.3.6 一些诱导因子

茉莉酸类广泛存在于自然界，是许多植物体内产生的天然化合物，现已发现了三十多种。茉莉酸(jasmonate,JA)和茉莉酸甲酯(MeJA)是其中最重要的代表。MeJA 通过使细胞结构发生变化，细胞内膨胀很大的液泡和很多粗面内质网，从而影响次生代谢产物的合成。能单独或协同诱导植物的抗性反应和萜类、黄酮类化合物及生物碱类物质的产生，被认为是非常有效的诱导子（Hiroaki Hayashi,2003；Kepczynska E,2009；Keramat B,2009；Kim OT,2009；Kim OT,2010；Kim YS,2009；Peng JR,2009；Yue CJ,2009）。

周雪洁(2011)研究表明，叶面喷施 MeJA 可以使中度干旱胁迫下的甘草根冠比增大；其中 0.01 mmol·L^{-1} 和 1 mmol·L^{-1}MeJA 处理的甘草单株甘草酸含量显著减少，0.05 mmol·L^{-1}、0.1 mmol·L^{-1} 和 0.5 mmol·L^{-1} MeJA 处理的甘草单株甘草酸含量显著增加，其中尤以 0.5 mmol·L^{-1}MeJA 处理的效果为最佳。

Shabani L.(2009)等人以 65 d 的甘草试管苗为试验材料，分别在培养基中加入 0 mmol·L^{-1}、0.01 mmol·L^{-1}、0.1 mmol·L^{-1}、1.0 mmol·L^{-1} 和 2.0 mmol·L^{-1} 的 MeJA，发现 MeJA 处理使甘草试管苗根中的甘草酸含量增加但抑制了根的生长。

MeJA 溶液处理对甘草酸的积累有显著影响，特别是浓度为 20、50 μmol·L^{-1} MeJA 溶液处理效果极为显著(梁晓薇,2016)。

上述研究结果也表明，不同研究者实验所得 MeJA 能够促进甘草根及根茎中的甘草酸的积累的适宜浓度不同。

脱落酸(abscisic acid,ABA)是传统五大植物激素之一。其合成自乙酰辅酶 A(CoA)开始，经由 MVA 途径合成。其合成途径与甘草酸在起始阶段具有一致的合成步骤。近年有关 ABA 的研究多集中于其信号转导方面的研究。但是 ABA 与甘草酸生物合成间具有怎样的联系,文献报道很少。在前期研究中,尝试将 ABA 以一定浓度外源处理甘草,发现其对甘草酸生物合成关键酶基因 *GuSQS1* 和 *GubAS* 的表达具有显著的影响(详见本书第七章)。

徐鹏(2010)等人的研究表明,干旱胁迫对甘草植株根部甘草酸的积累和内源 ABA 的含量均有非常显著的影响,且甘草酸和 ABA 之间有极显著的正相关,认为干旱胁迫下甘草酸的合成积累与抗旱信号传导物质 ABA 的合成有密切的关系。

3.96 mg·L^{-1}ABA 叶面喷施一年生甘草后 30 d 内可以将甘草酸的质量分数从 1.099±0.108% 提高到 1.665±0.319%,上升到处理期最高,之后稍有下降,但至 45 d 处理期结束时仍高于初始值(项好,2015)。

植物通过凋落物和根系分泌物间接影响土壤微生物,凋落物包括细胞或组织脱落物、溶解产物,是微生物的能源物质。根系分泌物也可以为土壤微生物所分解,提供能量,且不同根系分泌物显著影响着根际微生物的种群结构和数量分布。被诱导后的稳定微生物群落或活化营养元素,或直接产生植物生长所需调节物质,起到促进植物生长的作用。大量研究证实,根际微生物中可以产生生长调节物质的种群数量巨大。根系分泌同时也是化感物质发挥作用的重要途径,近年来大量涉及植物根际的研究报告揭示,许多植物都能够通过根系分泌向土壤中释放化感物质,抑制邻近的同种或异种植株的正常生长发育。对同种植株的抑制作用即为连作障碍。许多农作物的连作障碍、人工林的衰退以及以根和根状茎入药的药用植物的化感自毒作用都与根系分泌物中化感物质的存在密切相关。在前期研究中,我们发现,根系分泌物对甘草自身生长及甘草酸生物合成也具有重要的影响(具体内容参见本书第六章、第七章)。

1.4 甘草酸含量的测定方法

甘草酸的测定方法有一次展开二维薄层色谱电泳法、薄层-紫外分光光度法、双波长薄层扫描法、离子抑制色谱法、高效毛细管电泳法、重量法、比色法、近红处光谱法、极谱催化波法、高效液相色谱法等（Martelanc M,2009；Rauchensteiner F,2005；Shen SF,2006；Sun Q,2010；Zhang H,2009；Ma CJ,2005；Sparzak B,2009）。近年来,高效液相色谱质谱联用、高效毛细管电泳法应用较为广泛（Zhou Y,2004）。在相关已发表文献中,测定甘草样品中甘草酸时,以中华人民共和国药典中所列方法占主导地位。

参考文献

［1］国家药典委员会.中华人民共和国药典［M］.北京:化学工业出版社,2010.

［2］Choi D W,Jung J,Ha YI,et al. Analysis of transcripts in methyl jasmonate-treated ginseng hairy roots to identiy genes involved in the biosynthesis of ginsenosides and other secondary metabolites［J］. Plant Cell Rep,2005,23(8):557-566.

［3］ Asadollahi,M. A,Maury J,Schalk M,et al. Enhancement of farnesyl diphosphate pool as direct precursor of sesquiterpenes through metabolic engineering of the mevalonate pathway in Saccharomyces cerevisiae.［J］. Biotechnol Bioeng,2010,106(1):86-96.

［4］Seki H,Ohyama K,Sawai S,et al. Licorice beta -amyrin 11 -oxidase,a cytochrome P450 with a key role in the biosynthesis of the triterpene sweetener glycyrrhizin ［J］. Proceedings of the National Academy of Sciences of The United States of America,2008,105(37):14204-14209.

［5］Langenheim J H. Higher plant terpenoids:A phytocentricove review of their ecological role ［J］.Chem Ecol,1994,20:1223-1280.

［6］Ohnishi T,Yokota T,Mizutani M,et al. Insights into the function and evolution of P450s in plant steroid metabolism ［J］. Phytochemistry,2009,70 (17-18):1918-1929.

［7］Hayashi H, Huang P, Kirakosyan A. Cloning and characterization of a cDNA encoding beta-amyrin synthase involved in glycyrrhizin and soyasaponin biosyntheses in licorice[J].Biol Pharm Bull.,2001,24(8):912-916.

［8］Hiroaki Hayashi, Akiko Hirota, Noboru Hiraoka, et al. Molecular cloning and characterization of two cDNA for *Glycyrrhiza glabra* squalene synthase[J].Bilo.Pharm. Bull,1999,22(9):947-950.

［9］Hiroaki Hayashi, Noboru Hiraoka, Yasumasa Ikeshiro, et al. Molecular cloning and characterization of a cDNA for *Glycyrrhiza glabra* cycloartenol synthase[J].Bilo. Pharm.Bull,2000,23(2):231-234.

［10］Hiroaki Hayashi, Pengyu Huang, Satoko Takada, et al. Differential expression of three oxidosqualene cyclase mRNA in *Glycyrrhiza glabra* [J].Bilo.Pharm.Bull, 2004,27(7):1086-1092.

［11］Hiroaki Hayashi, Tsutomu Sakai, Hiroshi Fukui, et al. Formation of soyasaponins in licorice cell suspension cultures[J].Phytochemistry,1990,29(10):3127-3129.

［12］Han JY, In JG, Kwon YS, et al. Regulation of ginsenoside and phytosterol biosynthesis by RNA interferences of squalene epoxidase gene in Panax ginseng[J]. Phytochemistry,2010,71(1):36-46.

［13］Basyuni M, Baba S, Inafuku M, et al. Expression of terpenoid synthase mRNA and terpenoid content in salt stressed mangrove [J].Journal of Plant Physiology, 2009,166(16):1786-1800 .

［14］朱华. 三七鲨烯合酶基因的克隆及其功能的初步研究[D]. 南宁:广西医科大学,2006.

［15］Isvett J. Flores -Sanchez, Jaime Ortega -Lopez, Maria del Carmen, et al. Biosynthesis of sterols and triterpenes in cell suspension cultures of Uncaria tomentosa [J]. Plant Cell Physiol,2002,43(12):1502-1509.

［16］卢虹玉,刘敬梅,阳文龙,等. 甘草鲨烯合成酶基因的分离及植物表达载体的构建[J]. 药物生物技术,2007,14(4):255-258.

［17］LiuY, ZhangN, ChenHH, et al. Cloning and characterization of two cDNA sequences coding squalene synthase involved in glycyrrhizic acid biosynthesis in *Glycyrrhiza uralensis*[J]. Lecture Notesin Electrical Engineermg,2013.

［18］高雅,刘颖,文浩,等. 甘草过表达 HMGR、SQS1、β-AS 基因再生植株的诱导[J].生物技术通讯,2015,26(3):393-398.

［19］梁新华. 微量元素对甘草中甘草酸形成与积累影响的研究 [D]. 北京:北

京林业大学,2010,72-73.

[20] 梁新华,栾维江,梁军,等. 硼等 4 种元素对甘草酸生物合成关键酶基因表达的 RT-PCR 分析[J]. 时珍国医国药,2011,22(10):2351-2353

[21] Hayashi H,Huang P Y,Inoue K.. Up-regulation of soyasaponin biosynthesis by methyl jasmonate in cultured cells of *Glycyrrhiza glabra* [J]. Plant Cell Physiology,2003,44(4):404-411.

[22] Hayashi H,Huang P Y,Takada S,et al. Differential expression of three oxidosqualene cyclase mRNAs in *Glycyrrhiza glabra* [J]. Biological & Pharmaceutical Bulletin,2004,27(7):1086-1092.

[23] 刘颖,刘春生. 甘草 β-AS 基因时空表达模式研究 [J]. 中药材,2012,35(4):528-531.

[24] 马生军,王文全,朱金芳,等. Real-time PCR 分析锰对甘草 β-AS 基因表达的影响[J].吉林中医药,2014,34(8):837-841.

[25] 梁晓薇. 茉莉酸甲酯对甘草次生代谢的调控 [D]. 广州：广东药科大学,2016,18.

[26] 郑鹤龄. 微量元素营养诊断[M]. 天津:天津科技翻译出版公司,2010.

[27] Wang D,Wan C Y,Wang W Q,et al. Effects of Manganese Deficiency on Growth and Contents of Active Constituents of *Glycyrrhiza uralensis* Fisch. [J]. Communications in Soil Science and Plant Analysis,2012,43(17):2218-2227.

[28] 外经行业标准. 药用植物及制剂进出口绿色行业标准 WM/T2-2004[S]. 北京:中国标准出版社,2015.

[29] 李彩虹,王彩艳,王晓静. 宁夏道地甘草重金属残留特征及污染风险评价[J]. 北方园艺,2016(18):159-162.

[30] 贾薇. 中药材中重金属的分析方法及其吸收富集特征研究 [D]. 贵阳:贵阳师范大学,2009,84-98.

[31] 张丹. 贵州主要药材基地土壤及中药中污染状况调查研究 [D]. 贵阳:贵阳师范大学,2006,66-71.

[32] 增路,楼之岑等. 国产甘草的质量评价[J].药学学报,1991,26(10):788-793.

[33] 高素莲,王雪梅. 甘草中皂甙和黄酮类化合物的提取分离与测定[J].安徽大学学报(自然科学版),2000,24(4):70-74

[34] 魏胜利,王文全,王继永,等. 我国不同产区野生与栽培甘草的甘草酸含量及其影响因子的初步研究[J]. 中国中药杂志,2012,37(10):1341-1345.

[35]潘瑞炽.植物生理学[M].7版.北京:高等教育出版社,2012:120.

[36]杨春宁,孙志蓉,曲继旭,等.有机酸对甘草呼吸代谢及甘草酸积累的影响[J].中医药信息,2016,33(5):1-3.

[37] Kepczynska E, Rudus I, Kepczynski J. Abscisic acid and methyl jasmonate as regulators of ethylene biosynthesis during somatic embryogenesis of Medicago sativa L.[J]. Acta Physiologiae Plantarum,2009,31(6):1263-1270.

[38] Keramat B, Kalantari KM, Arvin MJ. Effects of methyl jasmonate in regulating cadmium induced oxidative stress in soybean plant (Glycine max L.)[J]. African Journal of Microbiology Research ,2009,3(5):240-244.

[39] Kim OT,Bang KH,Kim YC, et al. Up regulation of ginsenoside and gene expression related to triterpene biosynthesis in ginseng hairy root cultures elicited by methyl jasmonate[J]. Plant Cell Tissue and Organ Culture ,2009,98(1):25-33.

[40] Kim OT,Kim SH,Ohyama K, et al. Up regulation of phytosterol and triterpene biosynthesis in Centella asiatica hairy roots over expressed ginseng farnesyl diphosphate synthase[J]. Plant Cell Reports ,2010,29(4):403-411.

[41] Kim YS,Han JY,Lim S, et al. Ginseng metabolic engineering:Regulation of genes related to ginsenoside biosynthesis [J].Journal of Medicinal Plants Research,2009,3(13):1270-1276.

[42] Memelink J. Regulation of gene expression by jasmonate hormones [J]. Phytochemistry,2009,70(13-14):1560-1570.

[43] Peng JR. Gibberellin and Jasmonate Crosstalk during Stamen Development [J]. Journal of IntegrativePlant Biology,2009,51(12):1064-1070.

[44] Yue CJ,Jiang Y. Impact of methyl jasmonate on squalene biosynthesis in microalga Schizochytrium mangrovei[J]. Process Biochemistry ,2009,44(8):923-927.

[45]周雪洁.干旱和外源激素对甘草生理特性及甘草酸积累的影响[D].杨凌:西北农林科技大学,2011,40.

[46] Shabani L,Ehsanpour A A,Asghari G,et al. Glycyrrhizin production by in vitro cultured Glycyrrhiza glabra elicited by methyl jasmonate and salicylic acid[J]. Russian Journal of Plant Physiology,2009,56(5):621-626.

[47]徐鹏,刘长利,许立平.干旱胁迫下甘草酸合成与ABA的相关性初步研究[J].中草药,2010,41(8):1375.

[48]项妤,刘春生,刘勇,等.脱落酸对甘草化学成分含量和颜色的影响[J].中国中药杂志,2015,40(9):1688-1692.

[49] Martelanc M, Vovk I, Simonovska B. Separation and identification of some common isomeric plant triterpenoids by thin –layer chromatography and high – performance liquid chromatography[J].Journal of Chromatography A,2009,1216 (38): 6662–6670 .

[50] Rauchensteiner F, Matsumura Y, Yamamoto Y, et al. Analysis and comparison of Radix Glycyrrhizae (licorice) from Europe and China by capillary –zone electrophoresis (CZE)[J].Journal of Pharmaceutical and Biomedical Analysis,2005,38 (4):594–600.

[51] Shen SF, Chang ZD, Liu J, et al. Simultaneous determination of glycyrrhizic acid and liquiritin in *Glycyrrhiza uralensis* extract by HPLC with ELSD detection[J]. Journal of Liquid Chromatography & Related Technologies,2006,29(16):2387–2397.

[52] Sun Q, Li X, Li H, et al. Determination of Hard Rate of Licorice (*Glycyrrhiza uralensis* F.)Seeds Using Near Infrared Reflectance Spectroscopy [J].Spectroscopy and Spectral Analysis,2010,30(1):70–73 .

[53] Zhang H, Guo ZM, Li W, et al. Purification of flavonoids and triterpene saponins from the licorice extract using preparative HPLC under RP and HILIC mode [J].Journal of Separation Science,2009,32(4):526–535.

[54] Ma CJ, Li GS, Zhang DL, et al. One step isolation and purification of liquiritigenin and isoliquiritigenin from *Glycyrrhiza uralensis* Fisch using high –speed counter –current chromatography [J]. Journal of Chromatography,2005,1078 (1–2): 188–192.

[55] Sparzak B, Krauze –Baranowska M, Pobiocka –Olech L. High –Performance Thin –Layer Chromatography Densitometric Determination of beta –Sitosterol in Phyllanthus Species[J].Journal of Aovac International,2009,92(5):1343–1348.

[56] Zhou Y, Wang MK, Liao X, et al. Rapid identification of compounds in *Glycyrrhiza uralensis* by liquid chromatography/tandem mass spectrometry [J]. Chinese Journal of Analytical Chemistry,2004,32(2):174–178.

2 甘草中角鲨烯的薄层分析及检测

角鲨烯,又名鲨烯、鲨萜、鱼肝油萜,是一种高度不饱和的直链三萜类化合物。于 1906 年由日本学者 Tsujimoto 最初从霞鲨(Centroscylliumritteri)肝油中发现并分离得到,1914 年被命名为 squalene,分子式为 $C_{30}H_{50}$,化学名称为 2,6,10,15,19,23-六甲基-2,6,10,14,18,22-二十四碳六烯,分子量为 410.7。角鲨烯的硫脲加成物经 X 衍射实验表明,角鲨烯为全反式的异构体,其结构如图 2-1 所示。角鲨烯为无色或微黄色透明油状液体,具有令人愉快的气味,吸氧变黏成亚麻油状液体。密度为 0.8584 mg·mL^{-1},熔点为-750℃,在常压下分解温度为 330℃,沸点为:240~242℃(533 Pa);280℃(2.27 kPa);285℃(3.3 kPa)。闪点 110℃,折光率 n^{D}20 为 1.4965,黏度为 0.012 Pa·s。角鲨烯易溶于乙醚、石油醚、丙酮和四氯化碳,微溶乙醇和冰醋酸,不溶于水。

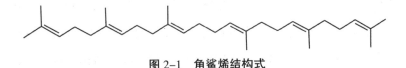

图 2-1 角鲨烯结构式

2.1 角鲨烯的资源分布

多年来的研究发现,角鲨烯作为一种脂质不皂化物,不仅存在于各种鲨鱼肝油中,还广泛分布在绝大多数动植物体内。在动物体内,角鲨烯在血液和脑中的含量偏低,在其他组织中的含量都很高,但是它一般不能大量蓄积,在动物体内会很快就转变为其他物质如甾醇等,唯有深海鲨鱼肝脏中的角鲨烯能够长期稳定存在。角鲨烯含量因鱼的种类、年龄、地理分布、种群等的不同而略有差异。其他动物油脂中也含有较低角鲨烯,如牛脂、猪油中含量低于不皂化物含量的 5%(赵振东,2004)。

　　20 世纪 30 年代,植物源角鲨烯被发现。迄今在很多植物中已发现存在角鲨烯,但含量不高,多低于植物油中不皂化物含量的 5%,仅少数含量较多。植物的根、叶、皮等部分均发现存在角鲨烯,但植物果实制成的植物油中的角鲨烯的含量相对较高,如橄榄油(Thorbjarnarson T,1935)、棕榈油(Wattanapenpaiboon N,2003)和苋菜籽油(He HP,2003)中角鲨烯含量相对较高,特别是橄榄油的角鲨烯含量占不皂化物总量的 32%~35%,是植物源性角鲨烯的重要来源。米糠油(Rukmini C,1991)中也检测到有较低含量的角鲨烯存在,其他一些农作物植物油中也发现存在角鲨烯,如玉米油含角鲨烯均值为 0.280 g·kg⁻¹,芝麻油 0.050 g·kg⁻¹,葵花籽油 0.120 g·kg⁻¹,花生油 0.123 g·kg⁻¹,大豆油 0.120 g·kg⁻¹(Sonntag N O V,1979;Boskou D,1998;Setiyo Gunawan,2007)。此外,油茶籽成熟过程中角鲨烯含量也可达 0.762 g·kg⁻¹(李好,2014),樟树籽壳油(赵曼丽,2012)、韭菜籽油中也存在有一定含量角鲨烯(马志虎,2010)。蕨类植物和苔藓植物中亦含角鲨烯(吴时敏,2001)。此外,一些农作物种子中也含有角鲨烯,Ryan(2007)等以爱尔兰科克地区南瓜籽为代表的 17 种农作物种子为原料,分别采用气相色谱法、高效液相色谱法对原料中的角鲨烯含量进行了测定,17 种农作物种子中角鲨烯的含量为 0.3 mg·100g⁻¹~89.0 mg·100g⁻¹,其中奎奴亚藜和南瓜籽中角鲨烯含量较高(分别为 58.4 mg·100g⁻¹ 和 89.0 mg·100g⁻¹)。

　　承第一章所述,角鲨烯是甘草酸生物合成途径中间代谢物质。同时由于角鲨烯具有提高机体内超氧化物歧化酶活性、增强机体免疫能力、降低胆固醇、降低血脂、抗衰老、抗肿瘤等多种生理功能,是一种没有毒副作用的具有防病治病作用的生物活性物质,因此,我们对甘草中的角鲨烯进行了较系统的研究,首先用薄层色谱法、气相色谱–质谱联用法(Gas chromatography mass spectrometer,GC/MS)对甘草中的角鲨烯进行了定性,然后建立了其高效液相色谱(High performance liquid chromatography,HPLC)定量分析方法。以期为深入开发甘草中角鲨烯资源提供较为完整的研究资料。

2.2 甘草中角鲨烯的薄层分析

2.2.1 薄层板的制备

以硅胶薄板作为展开板:称取一定量薄层层析硅胶 G,按每克 3 mL的量加入 0.5%羧甲基纤维素钠(CMC–Na)溶液,搅匀,超声波处理 40 min以除尽气泡。在 3×15 cm 的载玻片上铺成厚度均匀的薄层,水平放置阴干后,在 105 ℃下活化 30 min(夏季气温较高不活化亦可),即成。

2.2.2 样品制备

采用索氏提取法对甘草根进行提取:称取已烘干并粉碎过 40 目筛的甘草根粉 20 g,用滤纸包好放入索氏提取器中,圆底烧瓶中加入 200 mL石油醚,于 85℃水浴上提取 4 h。提取液旋转蒸发浓缩得黄色油状的甘草根油 0.2 g,石油醚回收。用 2 mL 氯仿溶解所得甘草根油,即制得样品溶液。

2.2.3 薄层展开

将样品溶液与角鲨烯标品的氯仿溶液点样于同一薄层板上,统一将角鲨烯标品点于右边,样品点于左边,用合适的展开剂上行法展开。由于角鲨烯本身没有荧光,且在 254 nm 和 365 nm 波长紫外下也不产生荧光,不能使用紫外分析仪来检测定位,故通过显色剂来判断薄层板展开后样品溶液的分离情况和角鲨烯的位置。通过多次尝试,选择5%的磷钼酸乙醇溶液作为显色剂,角鲨烯斑点呈蓝黑色;实验还比较了喷雾法和浸渍法两种显色方式,发现喷雾法操作不易控制,显色不均匀,容易引起成分误判,所以确定采用浸渍法显色。然后加热显色。

2.2.4 展开剂的选择

分别选用石油醚、正己烷、石油醚与乙酸乙酯,配比为20:1、15:1、10:1、8:1、6:1、4:1、2:1、1:1;石油醚与氯仿配比为20:1、15:1、10:1、8:1、6:1、4:1、2:1、1:1;石油醚与二氯甲烷配比为20:1、15:1、10:1、9:1、8:1、7:1、6:1、5:1、4:1、3:1作为展开剂,根据展开结果选择合适展开剂。

为防止溶剂中微量杂质的干扰,使实验条件易于重现,实验中溶剂使用前进行精制,混合展开剂每次使用时新配,且不能重复使用。

展开结果见图2-2,结果表明:石油醚和正己烷极性相当,且都是弱极性,从薄层展开来看这两种溶剂都能将样品中的角鲨烯分离开,但是样品组分在原点保留较多,角鲨烯Rf太小(小于0.2)。在石油醚中加入少量乙酸乙酯或氯仿或二氯甲烷可以有效展开样品, 增大角鲨烯的 R_f

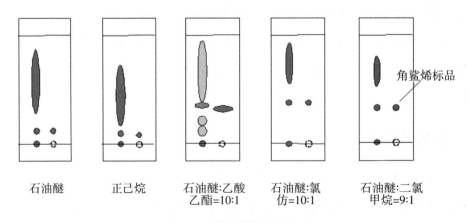

| 石油醚 | 正己烷 | 石油醚:乙酸乙酯=10:1 | 石油醚:氯仿=10:1 | 石油醚:二氯甲烷=9:1 |

图2-2 展开剂选择结果

值。经过试验,石油醚–乙酸乙酯 10:1 时样品及角鲨烯斑点的比移值合适,但重复多次发现展开剂里含有乙酸乙酯会使角鲨烯斑点发生横向扩散;而当石油醚–氯仿 10:1,及石油醚–二氯甲烷 9:1 时角鲨烯的 R_f 合适(0.4~0.5),且与其他物质得到了很好的分离,斑点圆而集中,没有拖尾现象。

在多种展开剂展开下,均有与角鲨烯标品比移值一致的斑点,可以确定甘草油脂中角鲨烯的存在。并且通过实验确定了用于角鲨烯的薄层层析定性的最佳条件为:石油醚–二氯甲烷 9:1 为展开剂,上行法展开,5%的磷钼酸乙醇溶液浸渍法显色。

2.3 甘草中角鲨烯的 GC/MS 法鉴定

2.3.1 GC/MS 条件

气相条件:DB–5MS 石英毛细管柱(30 m×0.25 mm,0.25 μm),柱温:100℃保持 1 min,100℃~290℃,10℃·min⁻¹,290℃保持 15 min;进样口温度 290℃;载气为高纯 He,流速为 1.0 mL·min⁻¹;分流比 20:1;溶剂切除 3.5 min;进样量 0.3 μL。

质谱条件:GC/MS 接口温度 290℃;离子源温度 235℃;电离方式 EI 源;电离电压 70 eV;质量扫描范围 30~500 amu;SCAN 检测。NIST107 标准质谱检索库。

2.3.2 甘草根油的化学成分及角鲨烯的 GC/MS 分析鉴定

采用 GC/MS 对甘草根油进行化学成分分析,总离子流图如图 2–3 所示,分离出 26 个成分,用面积归一化法测定了各成分的百分含量,并利用 NIST107 标准质谱检索库提取各成分质谱图,对各成分进行了鉴定,结果见表 2–1。通过谱库检索,并与角鲨烯标准品离子流图(图 2–4)对比,确定成分 21 为角鲨烯,含量占甘草油脂的 0.8%。

表 2-1 甘草根油的化学成分

峰号	名称	分子式	分子量	含量/%
1	4-羟基-4-甲基-2-戊酮	$C_6H_{12}O_2$	116	1.52
2	乙苯	C_8H_{10}	106	0.77
3	邻二甲苯	C_8H_{10}	106	3.02
4	间二甲苯	C_8H_{10}	106	1.49
5	2-甲基萘	$C_{11}H_{10}$	142	0.29
6	邻苯二甲酸二乙酯	$C_{12}H_{14}O_4$	222	0.41
7	Z-2-十八碳烯-1-醇	$C_{18}H_{36}O$	268	1.92
8	八氢-1,1,8-三甲基-2,6-萘,	$C_{13}H_{20}O_2$	208	0.43
9	邻苯二甲酸二正丁酯	$C_{16}H_{22}O_4$	278	1.52
10	正十九烷	$C_{19}H_{40}$	268	0.40
11	(9β,13α,14β,17α)-羊毛甾-7-酸-3-酮	$C_{30}H_{50}O$	426	5.00
12	二十二烷酸	$C_{22}H_{44}O_2$	340	5.07
13	豆甾醇-3,5-二烯-7-酮	$C_{29}H_{46}O$	410	34.01
14	2-9,12-十八碳二烯氨基-乙醇	$C_{20}H_{38}O_2$	310	2.32
15	1-二十三碳烯	$C_{23}H_{46}$	322	5.23
16	1,2-苯二甲酸庚辛酯	$C_{23}H_{36}O_4$	376	1.12
17	孕甾-17,21-二醇-9,11-环氧-3,20-二酮-醋酸	$C_{23}H_{32}O_6$	404	12.35
18	三十四烷	$C_{34}H_{70}$	478	0.55
19	1-[(2,2-二甲基-1,3-碳酸乙烯酯-4-基)甲氧基]-2-六癸酮	$C_{22}H_{42}O_4$	370	0.54
20	2,6,10,14,18-五甲基-2,6,10,14,18-二十碳五烯	$C_{25}H_{42}$	342	1.32
21	角鲨烯	$C_{30}H_{50}$	410	0.80
22	正二十五烷	$C_{25}H_{52}$	352	3.10
23	β-谷甾醇	$C_{29}H_{50}O$	414	1.38
24	(3α,5β,6γ)-3,6-二氢-[5,6]环丙并胆甾-3-醇	$C_{28}H_{48}O$	400	1.47
25	豆甾醇	$C_{29}H_{48}O$	412	2.65
26	γ-谷甾醇	$C_{29}H_{50}O$	414	15.17

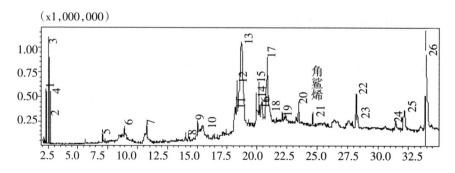

图 2-3 甘草根油脂总离子流图

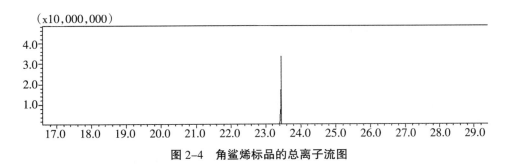

图 2-4 角鲨烯标品的总离子流图

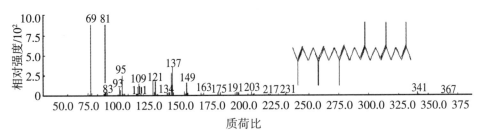

图 2-5 甘草根中角鲨烯质谱图

从 GC-MS 分析结果进一步确定,甘草中含有角鲨烯。

2.4 甘草中角鲨烯的 HPLC 测定

2.4.1 溶液的配制

2.4.1.1 标准品溶液的配制

精密称取角鲨烯标准品 0.0255 g,用氯仿溶解,定容于 50 mL 容量瓶中,摇匀,配制成 0.5100 mg·mL^{-1} 的标准品溶液。

2.4.1.2 样品溶液的配制

采用索氏提取法:称取 20.0 g 甘草根粉,用滤纸包好放入索氏提取器,以石油醚为溶剂,在 75℃~85℃水浴中回流提取 4 h,回流液经旋转蒸发器减压蒸发除溶剂,得浸膏即甘草油脂,用氯仿溶解定容至 10 mL,即得样品溶液。

2.4.2 HPLC 分析条件的确定

2.4.2.1 检测波长的确定

以溶剂为参比，在 200~900 nm 波长范围内对标准品溶液进行扫描，确定角鲨烯的最大吸收波长，依此波长作为 HPLC 检测波长。角鲨烯标品的紫外扫描图如图 2-6 所示，紫外光谱显示在 210 nm 处有最大吸收峰，故实验选择 210 nm 为检测波长。

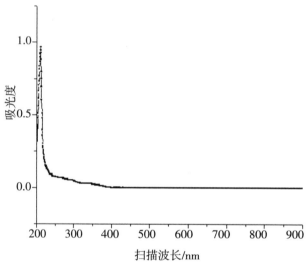

图 2-6　角鲨烯的紫外-可见吸收光谱扫描图

2.4.2.2 流动相及流速的选择

角鲨烯为高度不饱和的直链多烯烃，可以采用反相色谱法进行分离。实验选择甲醇/乙腈为流动相，调整甲醇/乙腈的比例，以 210 nm 为检测波长进行标准品溶液和样品溶液的测试。甲醇/乙腈=40/60 时样品、标品都不出峰，说明洗脱能力不够，应该加大强洗脱溶剂比例。最后调整到甲醇/乙腈=60/40 时，样品中角鲨烯能达到较好分离。

流动相比例确定后，对流速进行了考察，文献中多采用 2.0 mL·min⁻¹，流速偏大，柱压较高。实验分别在流动相流速为 1.0 mL·min⁻¹、1.5 mL·min⁻¹、

2.0 mL·min^{-1} 下 进样，记录色谱峰。结果表明，在流速 1.0 mL·min^{-1} 下，样品中角鲨烯分离较好，且全部出峰需要 25 min。所以选择流速为 1.0 mL·min^{-1}。

角鲨烯的 HPLC 分析条件确定为：C$_{18}$ 柱，流动相 V$_{甲醇}$:V$_{乙腈}$=60:40；流速 1.0 mL·min^{-1}；波长：210 nm；柱温：25℃；进样量：10 μL。在此条件下角鲨烯的保留时间约为 15.5 min，图 2-7 为样品与标准品的色谱图，这也进一步确定了甘草中角鲨烯的存在。

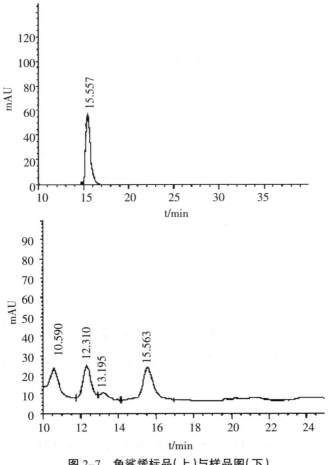

图 2-7　角鲨烯标品（上）与样品图（下）

2.4.3 分析方法考察

2.4.3.1 方法重现性试验

平行制取 3 份样品溶液,分别进样测定,记录角鲨烯的峰面积,计算 RSD,结果如表 2-2 所示。

表 2-2 重复性试验结果

	峰面积	平均峰面积	RSD
1	1908.3		
2	1869.5	1873.1	1.79%
3	1841.6		

三份样品平行测定结果标准偏差为 1.79%,说明方法重现性较好。

2.4.3.2 样品稳定性试验

精密称取甘草根粉末样品 20.000 g,制成样品溶液,每隔 6 h 进样 1 次,进样量 10 μL,记录角鲨烯的峰面积,计算 RSD,结果见表 2-3。

表 2-3 稳定性试验结果

相隔时间	峰面积	平均峰面积	RSD
0 h	1901.6		
6 h	1884.0		
12 h	1868.8	1874.0	1.02%
18 h	1862.2		
24 h	1853.5		

根据实验结果,24 h 内测试样品中角鲨烯的峰面积相对标准偏差为 1.02%,说明用本实验方法制成的供试样品溶液中的角鲨烯在 24 h 内稳定。

2.4.3.3 仪器精密度试验

将 2.4.1.1 中的角鲨烯标准品溶液稀释后,连续进样 4 次,进样量 10 μL,记录角鲨烯的峰面积,计算 RSD,结果见表 2-4。

表 2-4　精密度试验

	峰面积	平均峰面积	RSD
1	3792.2		
2	3712.1	3742.4	0.93%
3	3738.6		
4	3726.8		

重复进样 4 次的相对标准偏差为 0.93%,说明仪器精密度良好。

2.4.3.4　加标回收率

样品液 5.0 μL,分别加角鲨烯标准品溶液 1.0 μL、2.0 μL、3.0 μL、4.0 μL、5.0 μL,分别测定加入角鲨烯标准品后的混合样中角鲨烯的总质量,计算加标回收率和 RSD,结果见表 2-5 所示。

表 2-5　加标回收试验结果

样品中角鲨烯质量/μg	角鲨烯标准品加入量/μg	角鲨烯测量值/μg	回收率/%	平均回收率/%	RSD
0.268	0.102	0.359	97.0	99.2	1.27 %
	0.204	0.470	99.6		
	0.306	0.574	100.0		
	0.408	0.674	99.7		
	0.510	0.777	99.9		

平均回收率为 99.2%,且相对标准偏差为 1.27%,符合药典规定。

2.4.4　甘草中角鲨烯含量的测定

2.4.4.1　标准曲线的绘制

精密吸取角鲨烯标准品溶液 2 mL,4 mL,6 mL,8 mL,10 mL 于 10 mL 容量瓶中,用氯仿稀释定容配制成系列浓度的溶液,依次进样 10 μL 后,于 210 nm 波长下检测峰面积,以峰面积积分值为纵坐标,角鲨烯浓度为横坐标,绘制标准曲线,得回归方程:$y=35589x$,$R^2=0.9999$。

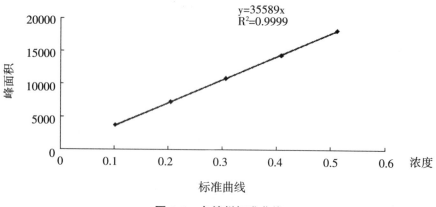

图 2-8　角鲨烯标准曲线

2.4.4.2 样品测定

采用索氏提取法提取甘草油脂,用氯仿溶解定容,进行 HPLC 法测定。测定条件为 2.4.2.2 中所列条件。在该条件下,记录峰面积后代入上述回归方程,计算出甘草中角鲨烯含量为 3.1 mg·100g^{-1}。

2.5 结论

采用薄层色谱法成功鉴定了甘草中角鲨烯的存在,确定了最佳展开剂为:石油醚-二氯甲烷 9:1,显色剂:5%磷钼酸乙醇溶液,采用浸渍法显色,角鲨烯 Rf 值为 0.48。运用 GC/MS 对甘草油脂的化学成分进行分析鉴定,其中角鲨烯含量 0.8%,进一步验证了甘草中角鲨烯的存在。利用 HPLC 法对甘草中角鲨烯进行了定量测定,具体测定条件为:C$_{18}$ 柱,流动相为 V$_{甲醇}$:V$_{乙腈}$=60:40,检测波长为 210 nm、流速为 1.0 mL·min^{-1},柱温 25℃。在此条件下,角鲨烯标品的保留时间为 15.5 min,甘草中角鲨烯含量为 3.1 mg·100g^{-1}。

参考文献

[1] 赵振东,孙 震. 生物活性物质角鲨烯的资源及其应用研究进展[J]. 林产化

学与工业,2004,24(3):107-110.

[2] Thorbjarnarson T,Drummond J C. Occurrence of an unsaturated hydrocarbon in olive oil [J]. Analyst,1935,60(706):23-29.

[3] Wattanapenpaiboon N,Wahlqvist M I. Phytonutrient deficiency:the place of palm fruit [J]. Asia Pacific Journal of Clinical Nutrition,2003,12(3):363-368.

[4] He HP,Corke H. Oil and squalene in amaranthus grain and leaf [J]. Journal of Agricultural and Food Chemistry,2003,51(27):7913-7920.

[5] Rukmini C,Raghuram TC. Nutritional and biochemical aspects of the hypolipidemic action of rice bran oil:a review [J]. Journal of the American College of Nutrition,1991,10(6):593-601.

[6] Sonntag N O V. Structure and composition of fats and oils[M]//Swern.Bailey´s industrial oil and fat products. John Wiley & Sons,1979:67.

[7] Boskou D. Frying temperature and minor constituents of oils and fats [J]. Grasas Y Aceites,1998,49(34):326-330.

[8] Setiyo Gunawan,Novy S Kasim,Yi-Hsu Ju. Separation and purification of squalene from soybean oil deodorizer distillate [J]. Separation and Purification Technology,2007,60(2):128-135.

[9] 李好,方学智,钟海雁,等. 油茶籽成熟过程中油脂及营养物质变化的研究 [J]. 林业科学研究,2014,27(1):86-91.

[10] 赵曼丽,杨辉,杨芳,等. 樟树籽仁油和壳油的油脂组分分析[J]. 南昌大学学报:理科版,2012,36(5):445-448.

[11] 马志虎,侯喜林,汤兴利. 超临界 CO_2 萃取韭菜籽油成分的 GC/MS 分析 [J]. 西北植物学报,2010,30(2):412-416.

[12] 吴时敏. 角鲨烯开发利用[J]. 粮食与油脂,2001,1:36.

[13] Ryan EK,Gal VT,Connor PO,et al.Phytosterol,squalene,tocopherol content and fatty acid profile of selected seeds,grains,and legumes [J]. Plant Food Human Nutrition,2007,62(3):85-91.

3 甘草中角鲨烯的提取及分离

作为抗旱植物甘草,西北中药区是其主要产区,野生蕴藏量 12.5 亿 kg,占全国的 83%,年采挖 3000 万~4000 万 kg,年收购 2900 万 kg,占全国收购量的 80%。而在宁夏回族自治区分布的甘草品种主要为《中国药典》所注药用原植物排名第一的乌拉尔甘草(简称甘草),主要分布在宁夏境内盐池县、同心县、灵武市等干旱、半干旱风沙区,特殊的生长环境孕育了宁夏甘草优良的品质。自古以来,宁夏盐池一带及内蒙古鄂托克前旗所产甘草称为"西镇草",市场上统称"西草",是甘草中的上品。史书将甘草、枸杞、麻黄草、小茴香"惟以宁夏出者第一"而载名史册。

宁夏盐池县野生甘草集中分布区域达 235.6 万亩,占全县草原总面积的 28.2%,占宁夏野生甘草资源总面积的 58.3%。然而由于大量采挖,野生甘草资源贮量大幅下降,据统计,目前甘草分布面积与解放初相比减少了 50% 以上。针对此,自 20 世纪 80 年代宁夏在各主要甘草产区积极开展了甘草人工栽培技术的系统研究。目前,人工栽培甘草产业在宁夏农业生产和社会经济发展中占据重要地位。宁夏仅盐池县可发展甘草的优势产区面积达 6800 平方公里,占全县土地总面积的 80% 以上。累计发展人工种植甘草 100 万亩(2015 年底数据),成为全国最大的甘草种苗培育基地。

因此,开展甘草中角鲨烯的提取及分离研究,对综合利用宁夏乃至周边地区人工种植甘草资源,实现甘草资源可持续发展具有重要的参考价值。

3.1 甘草中角鲨烯的传统溶剂提取

3.1.1 提取溶剂的选择

称取 20.0 g 甘草根粉 6 份,分成 3 组,每组 2 份,滤纸包好放入索氏提取器,分别用 85%乙醇、石油醚、正己烷于 75℃~85℃水浴中回流提取 4 h,回流液旋转蒸发除去溶剂,得浸膏,计浸膏的质量;将所得浸膏用氯仿溶解定容,按以上所确定的 HPLC 条件测定角鲨烯含量。

以浸膏得率和浸膏中角鲨烯含量为指标进行实验。实验结果如图 3-1 所示。由图可知,85%乙醇的浸膏得率最高,但硅胶薄层层析及 HPLC 均未检测到角鲨烯。因角鲨烯为非极性的三萜烯类,微溶于乙醇,不溶于水,所以 85%乙醇不能有效提取角鲨烯。正己烷和石油醚提取浸膏得率相当,但石油醚提取物中角鲨烯含量高,考虑正己烷的毒性和挥发性,选择石油醚为提取溶剂。

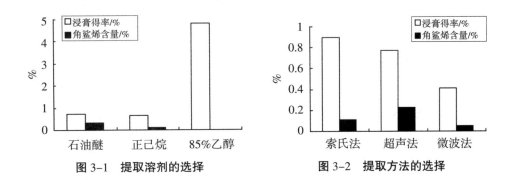

图 3-1　提取溶剂的选择　　　　图 3-2　提取方法的选择

3.1.2 提取方法的选择

称取 20.0 g 甘草根粉 9 份,分成 3 组,每组 3 份,以石油醚为溶剂,分别用索氏提取法、超声波辅助提取法、微波消解法提取,所得提取液旋转蒸发回收石油醚,得浸膏,计浸膏的质量,用氯仿溶解,按以上 HPLC

条件测定浸膏中角鲨烯含量。

以浸膏得率和浸膏中角鲨烯含量为指标,结果见图3-2。由图可知,索氏提取法的浸膏得率最高,但角鲨烯含量低;而采用超声法浸膏得率稍低,但角鲨烯含量最高;微波消解法浸膏得率和角鲨烯含量都最低,因为非极性溶剂很少吸收微波能。因此,选择采用超声波辅助提取法进行角鲨烯的提取。

3.1.3 提取条件单因素试验

以石油醚为提取溶剂,用超声法提取甘草中的角鲨烯。以浸膏得率和角鲨烯含量为指标,分别考察料液比、浸泡时间、超声时间和超声温度对提取效果的影响。

3.1.3.1 料液比对提取效果的影响

溶剂用量直接影响浸提时平衡浓度的大小,从而影响提取速率和提取效果。称取20.0 g甘草根粉5份,以石油醚为提取溶剂,分别按料液比1:5、1:10、1:15、1:20、1:25,保持水温30℃下超声30 min,试验结果见图3-3。

结果表明,随着溶剂用量的增加浸膏得率在初始时逐渐增大,1:15时达到最大,随后料液比增大浸膏得率有所下降。因为溶剂用量太大在操作中可能造成提取物损失。而料液比对提取物中角鲨烯含量影响不是很大,故考虑提取效果、成本及后续浓缩操作等,确定最佳料液比为1:15。

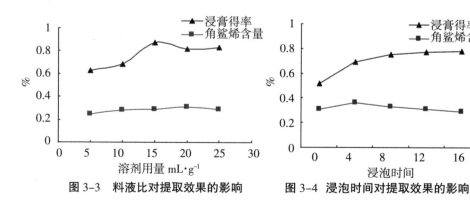

图3-3　料液比对提取效果的影响　　图3-4　浸泡时间对提取效果的影响

3.1.3.2 浸泡时间对提取效果的影响

分别称取 5 份 20.0 g 甘草根粉用 15 倍量的石油醚分别浸泡 0 h、4 h、8 h、12 h、16 h,再在 30℃下超声 30 min,结果见图 3-4。

结果表明,浸膏得率随浸泡时间的延长而逐渐增大,但从 8 h 以后,基本不再增长,再延长浸泡时间对提取效果影响不大。而提取物中角鲨烯含量随浸泡时间的延长有所下降。综合考虑,确定最佳浸泡时间为 8 h。

3.1.3.3 超声时间对提取效果的影响

平行称取 4 份 20.0 g 甘草根粉用 15 倍量的石油醚浸泡 8 h,在 30℃下分别超声 15 min、30 min、45 min、60 min,结果见图 3-5。

由图可知,随着超声时间的延长浸膏得率和角鲨烯得率都呈现增大趋势。显然超声波处理时间越长,空化现象越剧烈,原料颗粒被破碎的机会越多,但在超声波作用一定时间后,继续增加作用时间对提取影响不大。综合考虑确定超声时间为 45 min。

3.1.3.4 提取温度对提取效果的影响

平行称取 5 份 20.0 g 甘草根粉用 15 倍量的石油醚浸泡 8 h,分别在 30℃、40℃、50℃、60℃、70℃下超声 45 min,结果见图 3-6。

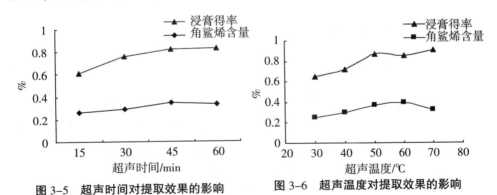

图 3-5　超声时间对提取效果的影响　　图 3-6　超声温度对提取效果的影响

由图可知,在 50℃之内浸膏得率随温度的升高而增大,之后随温度的升高浸膏得率反而下降。这可能是因为当接近石油醚沸点时,溶剂挥发加快,且高温下油脂更易分解或被氧化。因此,确定最佳提取温度为 50℃。

3.1.4 正交试验设计

根据单因素实验确定的条件范围，按表 3-1 选择的因素和水平，设计 $L_9^{3(4)}$ 正交实验方案进行超声提取，以角鲨烯得率为考察指标。

表 3-1　因素水平表

水平	因素			
	A 料液比	B 浸泡时间/h	C 超声时间/min	D 提取温度/℃
1	1:12	5	30	40
2	1:15	10	40	50
3	1:18	15	50	60

在所选因素水平范围内，各因素对甘草角鲨烯得率影响的大小顺序为 D>C>B>A，即提取温度影响最大，其次是超声时间，再次是浸泡时间，最后是料液比。

确定最佳工艺为料液比 1:15，浸泡时间 10 h，超声温度 50℃，超声时间 50 min。按此最佳工艺提取，浸膏得率达到 0.78%，角鲨烯含量为 0.33%。

3.2 超临界 CO_2 萃取甘草中的角鲨烯

3.2.1 萃取条件的选择

影响超临界 CO_2 萃取的因素有萃取温度、萃取压力、CO_2 流量、萃取时间、使用的夹带剂、原料粒度等，其中萃取温度和萃取压力是最主要的因素。CO_2 的临界温度为 304.2°K，临界压力为 7.38 Pa，在临界点附近，温度和压力的微小变化就会引起超临界流体密度的较大变化。

实验通过参照文献且反复尝试确定萃取条件为：萃取压力 35 MPa，萃取温度 40℃，分离Ⅰ温度 40℃，分离Ⅱ温度 30℃，CO_2 流量为 30 L·h⁻¹，分离Ⅰ压力 8 MPa，分离Ⅱ压力 5 MPa。

3.2.2 夹带剂的选择

超临界流体萃取中夹带剂主要是起到调整溶剂密度和参与分子间相互作用力的作用,以此改变溶剂的溶解能力和选择性。通过参阅文献报道的用于超临界的夹带剂,且考虑到角鲨烯易溶于丙酮等脂溶性溶剂中,故实验选用了丙酮、95%乙醇作夹带剂进行萃取。

3.2.3 甘草中角鲨烯的萃取

取甘草根粉末 270 g 装入 1 L 萃取釜中,安装好设备,按 3.2.1 萃取工艺设定实验参数进行萃取,200 mL 丙酮为夹带剂萃取 2 h,至分离釜无萃取物流出;换用 200 mL 95%乙醇为夹带剂,继续萃取 2 h。分别接取两次的萃取物,旋转蒸发除去溶剂及夹带剂,精密称取一定量萃取物,氯仿溶解定容,HPLC 检测。

甘草根粉末经超临界 CO_2-丙酮萃取至分离釜无产物流出,得萃取物 5.47 g,其中角鲨烯含量 0.47%;继续加入 95%乙醇作夹带剂,得萃取物 15.81g,角鲨烯含量 0.14%。甘草经超临界萃取,角鲨烯总提取率为 0.018%。

3.3 角鲨烯的初次分离

由于甘草根油中角鲨烯含量较低,直接溶解浸膏后进行柱层析,杂质太多而影响分离效果,经过反复多次柱层析,产品得率甚微,纯度也很难提高,所以要想高效率的提取分离到甘草中的角鲨烯需要进行适当的前处理,进行初步除杂。

3.3.1 溶剂溶解除杂

分别选用石油醚和甲醇作为溶剂溶解甘草石油醚粗提物,根据角鲨烯和共存杂质溶解度的不同除去部分杂质。但这种方法效果不稳定,只能用作辅助除杂手段。

3.3.2 硅胶吸附除杂

角鲨烯是非极性油状化合物,易溶于石油醚等脂质溶剂。实验中首先将甘草石油醚粗提物用5倍量石油醚充分溶解,不溶物通过脱脂棉过滤除去。然后往溶液中加入样品量的7~10倍的柱层析硅胶,充分搅拌混匀,使样品与硅胶充分接触,所有样品都吸附到硅胶上,装入下端塞有脱脂棉的漏斗里,用石油醚充分洗涤,直至下端洗涤液检测不到角鲨烯。这样大部分杂质被硅胶吸附而角鲨烯被石油醚洗脱下来,达到分离。如果TLC检测洗脱液中杂质点仍很多,此步骤可重复1~2次。洗脱液合并浓缩回收溶剂得甘草角鲨烯的粗品,–4℃保存以备进一步精制。

在初次分离中,经硅胶吸附后角鲨烯粗品得率约7%,粗品中角鲨烯含量约3.02%。

3.4 角鲨烯的柱层析分离

3.4.1 吸附剂的选择

决定柱层析分离效果的首要因素就是吸附剂,一般根据被分离物质的极性选择要使用的吸附剂和展开剂。角鲨烯为非极性油状物,按照"三角形法则"(如图3-7),应选择有活性的吸附剂和非极性的展开剂,且要用有机体系进行分离,所以本实验选择吸附容量大的硅胶作为吸附剂。硅胶易吸附极性物质(如水、甲醇等),难吸附非极性物质,适合于角鲨烯的分离。

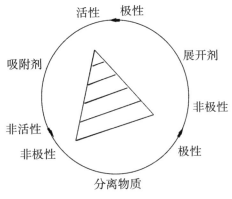

图 3-7　三角形法则

在分离过程中硅胶的粒度也是影响分离效果和速率的因素之一,硅胶的粒度如果太小,分离比较充分,但是速度太慢,分离时间过长,有可能造成样品中一些成分的反应变质,而且浪费溶剂;如果硅胶粒度太大,分离时间虽然缩短,但是分离效果不好,甚至分离不开。在实验过程中,开始使用 300~400 目的硅胶,由于分离过慢,然后改用 100~200 目的硅胶,得到较好的分离效果。

3.4.2 洗脱剂的选择

洗脱剂的洗脱能力主要由其极性决定,洗脱系统的选择应将待分离物质的极性同吸附剂的极性结合起来加以考虑,对于极性吸附剂,溶剂的介电常数愈大,极性也愈大,洗脱能力就愈强。待分离物质只要在结构上存在差异,其极性大小就不会相同,就可能被分离。因此全面考虑吸附剂、溶剂(展开剂)和待分离物质三者之间的相互关系,是吸附色谱分离效果的关键。

按照薄层层析展开剂选择结果,薄层分离效果最佳的展开剂为石油醚-二氯甲烷 9:1,石油醚-氯仿 10:1,考虑二氯甲烷的毒性及易挥发性,洗脱溶剂的成本,选用石油醚-氯仿,石油醚-乙酸乙酯为柱层析的洗脱剂。

3.4.3 洗脱剂流速的选择

洗脱剂流速由泵所施加的压力和活塞开口大小控制，流速过快，柱中交换达不到平衡,影响分离效果。如果流速太慢,不仅分离时间延长,角鲨烯在柱子中停留时间长有可能发生反应或者变质而损失。本实验中在每一级柱层析时根据具体情况选择适宜的流速。

3.4.4 硅胶柱层析分离角鲨烯

3.4.4.1 操作步骤

1. 硅胶预处理:使用前先110℃烘24 h进行活化。

2. 装柱:实验采用湿法装柱法,选择(60 cm×6 cm玻璃层析柱),称取活化了的柱层析硅胶于洁净干燥的烧杯中，加入石油醚浸泡30 min左右,不断搅拌(或辅以超声波作用)以除去空气泡。在搅拌下倒入色谱柱中,一边沉降一边慢慢添加,以防带入气泡,轻敲管壁,同时打开下面的活塞,使溶剂以1~2滴/秒的速度流出。加完后用石油醚洗脱一段时间,使硅胶装实装匀。

3. 上样:先将甘草石油醚粗提物用石油醚充分溶解,用脱脂棉过滤除去不溶物,此处不溶物通过TLC检测不到其中的角鲨烯。然后按照1:1的比例拌硅胶,保证所有样品都吸附到硅胶上,减压旋干后,看不到明显的固体颗粒。待溶剂下降至硅胶面时,关闭活塞,用滴管将拌有硅胶的样品慢慢加入,在加入样品时不要使柱面受到扰动。

后续的柱层析,样品量越来越少,且样品成分相对简单了,采用湿法上样。将样品用少量洗脱剂溶解,按照干法上样的方法用滴管慢慢加入,同样不能使柱面受到扰动。

4. 洗脱:样品溶液全部加完后,打开活塞将液体徐徐放出,当液面与柱面相平时,再用少量溶剂洗涤盛样品的容器数次,洗液全部加入色谱柱内,开始收集流出的洗脱液,当液面与柱面相同时,缓缓加入洗脱溶剂,使洗脱剂的液面高出柱面约 10 cm。采用小气泵加压洗脱,分别以石油醚–乙酸乙酯和石油醚–氯仿为洗脱剂进行梯度洗脱。流份的收集按等体积收集法收集,必要时结合色带进行收集。根据每次所用硅胶的量和样品的分离难易程度的具体情况,决定每份洗脱液的收集体积,通常每份洗脱液的量约与柱的保留体积或硅胶的用量大体相当,同时采用 TLC 跟踪测试洗脱液中的物质组成,从可以检测到角鲨烯开始,将成分接近的洗脱液合并,溶剂加以回收。

洗脱溶剂分别选用石油醚–乙酸乙酯（14:1, 10:1, 8:1, 5:1, 3:1, 1:1）、石油醚–氯仿（10:1, 8:1, 5:1, 3:1, 1:1）,梯度洗脱,洗脱速度为 1~2 滴/秒,每 30 mL 收集一份,视上样量及柱子大小而定。用 TLC 法跟踪检测角鲨烯所在,合并相同段,将收集所得各段洗脱液在旋转蒸发仪上蒸发回收溶剂。

3.4.4.2 石油醚–氯仿为洗脱剂的层析结果

1. 甘草石油醚提取物在不经过初次分离的前提下,经一级柱层析,TLC 跟踪测试,合并相同馏分后,最终得到含有角鲨烯的三个馏分(图 3–8),经 HPLC 分析三份产品中角鲨烯含量最高为中间产品 0.37%。将三份产品继续进行柱层析,反复多次柱层析后得角鲨烯纯度达到 2.20%。

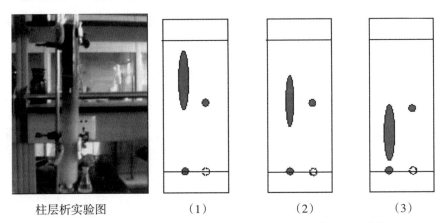

柱层析实验图　　　　（1）　　　　（2）　　　　（3）

图 3–8　柱层析实验图和一级柱层析产品的薄层层析结果

2. 甘草石油醚提取物先经过多次硅胶吸附除杂,再对其反复硅胶柱层析后，得到角鲨烯含量为 10.80% 的产品 0.030 g，角鲨烯含量为 75.23% 的产品 0.0075 g。

3.4.4.3 石油醚-乙酸乙酯为洗脱剂的层析结果

以石油醚-乙酸乙酯为洗脱剂,洗脱液检测发现,乙酸乙酯对角鲨烯的横向扩散导致角鲨烯存在于整个柱中，所有洗脱液都能检测到角鲨烯,基本得不到分离。

3.5 角鲨烯的制备薄层色谱分离

制备薄层色谱法是一种有效的分离提纯方法。它可以从复杂的混合物中分离制备化合物纯品。制备薄层色谱法一般适用于分离几十毫克至几百毫克的样品。

自制薄层板：将硅胶 G 和 0.5% 的羧甲基纤维素钠以 1:4 的比例混合、研磨，并均匀涂布于 20 cm×20 cm 的干燥洁净的玻璃板上,厚度掌握在 0.5~2 cm 即可。室温自然干燥后,于 105℃ 下活化 1 h。

在干燥的活化后的薄层板下端 2 cm 处，用铅笔小心地画出一条线,将柱层析产品用适量氯仿溶解,采用微量吸管法上样,用 25 μm 毛细管吸取,点样,角鲨烯标准品点于一侧,展开剂为石油醚-二氯甲烷 9:1，上行法展开,展开约 15 cm 左右取出,标出溶剂前沿。干燥后,在点有角鲨烯标品的板子一侧喷显色剂 5% 磷钼酸乙醇溶液，加热使显色。确定角鲨烯谱带的位置,并标出(见图 3-9)。用小刀仔细地将主带刮下,并用氯仿洗脱,离心 30 min,取上清液浓缩,干燥后即得角鲨烯精制产品。

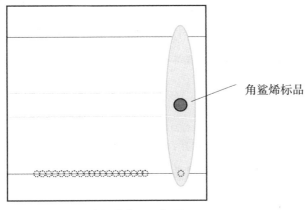

图 3-9 角鲨烯的薄层层析图

将直接进行硅胶柱层析的产品,运用制备薄层色谱,进行分离。角鲨烯含量由 2.20% 提高到 3.81%。没有制备薄层色谱预计的结果,产品中角鲨烯纯度仅仅提高了一个百分点。这是因为角鲨烯没有荧光,也不能吸收 254 nm 和 365 nm 的紫外光,其薄层色谱鉴定只能通过显色反应,而显色会使待测组分发生变质。本实验采用的标品显色法,只能粗略判断样品中角鲨烯斑点的位置,刮板附带太多杂质。产品纯度亦不高。

3.6 角鲨烯的皂化法分离

角鲨烯是脂质不皂化物,可以通过皂化法加以分离提纯。多数角鲨烯的分离,包括由深海鲨鱼或少数陆上植物(如沙棘),都在提取后先用皂化方法对油脂中酸性和烃类物质进行初步分离。

3.6.1 甘草油脂的皂化

采用经典皂化法,称取甘草根油 2.4736 g,加入 1.0 mol·L⁻¹ 的 KOH 乙醇溶液 15 mL。75℃水浴锅上加热回流 2.5 h,此时溶液清澈透明,取下冷凝管在水浴锅上将乙醇蒸发干,放冷后加入 18 mL 水,转移到分液漏斗中,再加入 15 mL 乙醚,振摇 3 min 后静置分层,取乙醚层。水层再用乙醚 15 ml 提取 4 次,合并乙醚层,再用 15 mL 水洗涤 2 次,洗至遇酚酞不变红,最后用少量无水硫酸镁干燥,回收乙醚得甘草不皂化物。

3.6.2 不皂化物的 HPLC 分析

所得不皂化物,用氯仿溶解,按上述确定的角鲨烯分离条件进行测定,角鲨烯在不皂化物中的含量为 0.012%。

3.6.3 不皂化物的 GC/MS 分析

表 3-2　甘草非皂化物的化学成分

序号	名称	含量%	分子式	分子量
1	3-甲基-3-戊醇	0.21	$C_6H_{14}O$	102
2	苯乙醇	0.27	$C_8H_{10}O$	122
3	2,3,3三甲基-2-戊醇	0.64	$C_8H_{18}O$	130
4	丁酸,2-羟基-2-甲基,甲基酯	0.80	$C_6H_{12}O_3$	132
5	2-庚酮	0.21	$C_7H_{14}O$	114
6	乙基己醇	0.15	$C_8H_{18}O$	130
7	正十七烷	0.19	$C_{17}H_{36}$	240
8	正十八烷	0.25	$C_{18}H_{38}$	254
9	1-十七醇	0.57	$C_{17}H_{36}O$	280
10	正二十烷	0.22	$C_{20}H_{42}$	282
11	1,1′-双3-(2-环戊亚乙基)-1,5-戊二醇-环戊烷	0.23	$C_{22}H_{38}$	302
12	正二十二烷	0.39	$C_{22}H_{46}$	310
13	1-二十三烯	9.57	$C_{23}H_{46}$	322
14	2,6,10,15-四甲基-十七烷	1.27	$C_{21}H_{44}$	296
15	正二十二烷	1.08	$C_{22}H_{46}$	310
16	9-甲基-十九烷	1.24	$C_{20}H_{42}$	282
17	(E)-3-二十烯	0.15	$C_{15}H_{30}$	280
18	正十七烷基环己烷	0.77	$C_{23}H_{46}$	322
19	正二十四烷	0.88	$C_{21}H_{44}$	338
20	正二十二烷	0.53	$C_{22}H_{46}$	352
21	7-己基-二十烷	0.55	$C_{26}H_{54}$	366
22	二十二烷酸	12.68	$C_{22}H_{44}O_2$	340
23	正二十七烷	0.57	$C_{27}H_{56}$	380
24	7-己基-二十二烷	0.63	$C_{28}H_{58}$	394

续表

序号	名称	含量%	分子式	分子量
25	正二十八烷	2.01	$C_{28}H_{58}$	394
26	角鲨烷	1.14	$C_{30}H_{62}$	422
27	11-(1-乙基)-二十一烷	1.92	$C_{26}H_{54}$	366
28	正二十五烷	0.95	$C_{25}H_{52}$	352
29	2,6,10,14,18-五甲基-2,6,10,14,18-二十碳五烯	2.19	$C_{25}H_{42}$	342
30	角鲨烯	0.99	$C_{30}H_{50}$	410
31	正二十八烷	1.85	$C_{28}H_{58}$	394
32	菜油甾醇	3.21	$C_{28}H_{48}O$	400
33	I-豆甾醇	4.52	$C_{29}H_{48}O$	412
34	γ-谷甾醇	47.17	$C_{29}H_{50}O$	414

所得不皂化物,用氯仿溶解,0.45 μm 微孔滤膜过滤后作为 GC/MS 测定用样品溶液。测定条件同 2.3.1。

甘草根油的不皂化部分的成分进行了 GC/MS 分析,从其中分离鉴定了 34 种物质,其中角鲨烯含量 0.99%。

3.7 结论

对甘草中角鲨烯的提取溶剂及提取方法进行了考察,并对各提取方法的工艺参数进行了优化。选定石油醚为提取溶剂,超声波辅助提取法效果较好;经单因素试验和正交试验得到超声波辅助提取法提取甘草中角鲨烯的最佳提取工艺条件为:甘草根粉:石油醚=1:15,浸泡 10 h,在 50℃下超声 50 min,提取液减压浓缩得浸膏。按此最佳工艺对甘草进行提取,浸膏得率达到 0.78%,浸膏中角鲨烯含量为 0.33%。用超临界 CO_2 萃取角鲨烯,最佳萃取压力 35 MPa,萃取温度 40℃,在此条件下,角鲨烯的萃取率为 0.018%。比较发现,超临界萃取技术对角鲨烯提取率更高,且在初始丙酮为夹带剂所得萃取物中角鲨烯含量可高达 0.47%,提取效果显著,上样量大,适合于甘草中角鲨烯的大批量提取,但此法能耗较大,成本较高。

甘草石油醚提取物直接进行硅胶柱层析,经一级柱层析角鲨烯含量为 0.37%,多级柱层析后含量为 2.20%,再经制备薄层层析产品纯度仅提高到 3.81%,角鲨烯纯度在该条件下难于提高。经摸索开发了硅胶吸附法除杂的初次分离方法,甘草石油醚提取物经硅胶吸附后更易纯化。初次分离所得产品角鲨烯含量就达到约 3.02%;再经过反复柱层析精制,得到角鲨烯纯度 75.23%的产品。

采用皂化法分离甘草中的角鲨烯,发现甘草油脂经过皂化后,不皂化物通过 GC/MS 检测到角鲨烯含量 0.99%,可以经过进一步精制提高产品纯度。

参考文献

[1] 程忠泉. 罗汉果角鲨烯及罗汉果渣油脂成分的分离、提纯研究[D]. 南宁:广西师范大学,2005.

[2] 贾春晓,毛多斌,杨靖,等. 省沽油种子超临界 CO_2 萃取物中角鲨烯和维生素 E 的 GC–MS 分析[J]. 天然产物研究与开发,2007,19:256–258,289.

[3] 杨冀艳,许世晓,胡磊. 超声波辅助提取栀子油及其脂肪酸组成分析研究[J]. 食品科学,2008,29(11):246–249.

4 叶面喷施 4 种微量元素对甘草角鲨烯、甘草酸等代谢物质含量的影响

高等植物的一生,除了在种子萌发阶段和幼苗生长阶段可部分依赖母体种子提供其所需营养,其他时段,生长发育所需的绝大部分营养来自于自身地上部光合作用和根系从土壤溶液中吸收的矿质营养元素。植物吸收的元素中,到目前为止,确定为植物必需矿质元素的有 17~19 种。根据其在植物组织干物质中的浓度,又分为大量元素和微量元素两大类。

微量元素与植物生长发育密切相关。硼以硼酸(H_3BO_3)的形式被植物吸收。硼能促进植物根系发育,特别对豆科植物根瘤的形成影响较大。锰主要以 Mn^{2+} 形式被植物吸收,以多种不同化合价的形式存在,因此,与植物的光合、呼吸、叶绿素和蛋白质的合成等重要代谢过程密切相关。锌以 Zn^{2+} 形式被植物吸收。缺锌会导致植物生长受阻,呼吸、光合及氮代谢均会受到影响。钼以钼酸盐(MoO_4^{2-})的形式被植物吸收。豆科植物根瘤菌的固氮过程必须有钼的参与,缺钼则植株表现为缺氮病症。

因此,本章内容主要围绕采用叶面喷施这一更利于甘草吸收微量元素肥料,尤其是对施入土壤易被固定的 Fe、Zn、Mn、B 等微量元素肥料的方式,于甘草生长季节内逐月叶面喷施适宜浓度的 B、Mn、Zn 和 Mo 4 种微量元素,测定了甘草根中包括甘草酸在内的其他几种主要的次生代谢成分——甘草苷、甘草次酸、甘草总黄酮和甘草多糖的含量,同时还测定了甘草根中几种主要的初生代谢成分——粗蛋白、粗脂肪和粗纤维的含量及甘草酸生物合成中间代谢物质角鲨烯的含量。对甘草在上述 4 种微

量元素处理下其主要药用成分甘草酸形成与积累与其他次生代谢成分、中间代谢物质及几种主要初生代谢成分间的关系进行了探讨。

4.1 甘草根中角鲨烯的测定

同第二章 2.4.2。

4.2 甘草根中几种初生代谢组分及次生代谢成分测定

4.2.1 粗脂肪的测定

采用乙醚萃取索氏提取法测定粗脂肪含量(中华人民共和国国家标准,GB/T6433-2006/ISO6492:1999)。

称取甘草根粉末 2.0 g,准确至 0.0002 g,记为 m,用滤纸包裹烘干至恒重记 m_1,将其放入干燥至恒重的索氏提取器抽提腔,加入无水乙醚,在 55℃~60℃进行回流 5~6 h 至脂肪提取完毕,然后将滤纸包取出放于室温条件下至乙醚挥发完全,烘干至恒重记为 m_2。粗脂肪含量的计算采用下列公式:

$$粗脂肪(\%)=(m_1-m_2)\times100/m$$

4.2.2 粗蛋白的测定

粗蛋白含量用凯氏定氮法测定(中华人民共和国国家标准,GB/T6432-1994)。

4.2.2.1 试样的消煮

称取试样 0.5~1 g(含氮量 5~80 mg),准确至 0.0002 g,放入凯氏烧瓶中,加入 6.4 g 混合催化剂,与试样混合均匀,再加入 12 mL 硫酸和 2 粒玻璃珠,将凯氏烧瓶置于电炉上加热,开始小火,待样品焦化,泡沫消失后,再加强火力(360℃~410℃)直至呈透明的蓝绿色,然后再继续加热至少2 h。

4.2.2.2 常量蒸馏法

将试样消煮液冷却,加入60~100 mL蒸馏水,摇匀,冷却。将蒸馏装置的冷凝管末端浸入装有25 mL硼酸吸收液和2滴混合指示剂的锥形瓶内。然后小心地向凯氏烧瓶中加入50 mL氢氧化钠溶液,轻轻摇动凯氏烧瓶,使溶液混匀后再加热蒸馏,直至流出液体积为100 mL。降下锥形瓶,使冷凝管末端离开液面,继续蒸馏1~2 min,并用蒸馏水冲洗冷凝管末端,洗液均需流入锥形瓶内,然后停止蒸馏。

4.2.2.3 滴定

蒸馏后的吸收液立即用0.1 mol·L⁻¹或0.02 mol·L⁻¹盐酸标准溶液滴定,溶液由蓝绿色变成灰红色为终点。

4.2.2.4 对照试验

称取蔗糖0.5 g,代替试样,进行对照测定,消耗0.1 mol·L⁻¹盐酸标准溶液的体积不得超过0.2 mL。消耗0.02 mol·L⁻¹盐酸标准溶液体积不得超过0.3 mL。

4.2.2.5 结果计算

粗蛋白含量(%)= { (V_2 − V_1) × C × 0.0140 × 6.25 × V } / (m × V')

式中:V_2——滴定试样时所需标准酸溶液体积,mL;

V_1——滴定对照时所需标准酸溶液体积,mL;

C——盐酸标准溶液浓度,mol·L⁻¹;

m——试样质量,g;

V——试样分解液总体积,mL;

V'——试样分解液蒸馏用体积,mL;

0.0140——与1.00 mL盐酸标准液 [C（HCl）]=1.000 mol·L⁻¹相当的、以克表示的氮的质量。

6.25——氮换算成蛋白质的平均系数。

4.2.3 粗纤维的测定

粗纤维含量用酸碱洗涤称重法测定（中华人民共和国国家标准，GB/T6434-2006/ISO6865:2000）。

酸洗石棉的处理方法和国标是一样的，称好甘草根粉末和石棉，计重为 m，然后上机加入 150 mL 的 0.13 mol·L^{-1} 的硫酸，小火煮沸 30 min，用热的蒸馏水洗 3~5 次，再加入 1.25% 的氢氧化钠 150 mL，同样小火煮沸 30 min，用热的蒸馏水洗涤 3~5 次，然后取下坩埚在粗纤维仪的冷浸提上用丙酮洗 3 次，放入烘箱 130℃烘 2 h 称重，计重为 m_1 后放入马弗炉 550℃烧 3 h 后计 m_2，计算结果：粗纤维含量%=$(m_1-m_2)\times100/m$

4.2.4 甘草酸含量的测定

甘草酸含量采用《中国药典》2005 版一部中所注 HPLC 法测定。

4.2.5 甘草苷含量的测定

甘草苷含量采用《中国药典》2005 版一部中所注 HPLC 法测定。

取 0.2 g 已烘干并过 100 目筛的甘草根粉末，精密称定，置于带塞的锥形瓶中，加入 70% 的乙醇 10 mL，称重并在 300 W、25 KHz 下超声 30 min，取出，待冷却后再一次称重，过滤，精确量取滤液 2 mL 于 10 mL 的容量瓶中，用 20% 的乙腈定容到刻度线，摇匀过 0.45 μm 微孔滤膜即得样品提取液。

HPLC 测定甘草苷的色谱条件如下：C$_{18}$ 柱，流动相：乙腈，0.5% 冰醋酸（1:4），检测波长：276 nm，进样量：10 μL，柱温：室温。甘草苷相对保留时间在 7.3 min 左右。

采用外标法计算甘草苷含量。

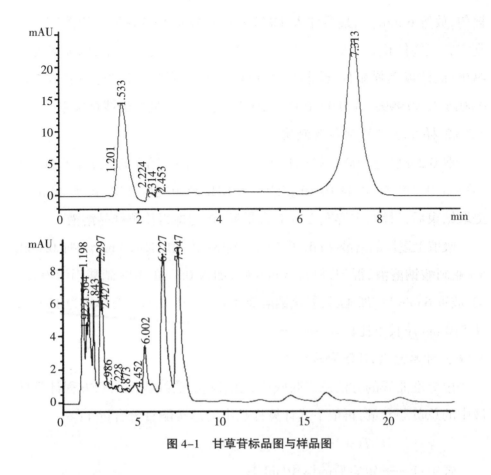

图 4-1 甘草苷标品图与样品图

4.2.6 甘草总黄酮含量的测定

以芦丁作为标准品。采用亚硝酸钠-硝酸铝比色法测定（赵则海，2004；王振荣，2000），稍加改动。

4.2.6.1 标准曲线的制作

取在 105℃ 干燥恒重的芦丁对照品 5.0 mg，精密称定，30% 的乙醇超声溶解，摇匀，定容至 50 mL，使之成为浓度为 0.1 mg·mL^{-1} 的芦丁标准品溶液，作为贮备液备用。分别精密量取上述芦丁贮备液 0 mL，2 mL，4 mL、6 mL，8 mL、10 mL、12 mL、14 mL、16 mL 于 25 mL 容量瓶中，分别加 5% 亚硝酸钠溶液 0.3 mL，混匀，放置 6 min，再加入 10% 的硝酸铝溶液0.3 mL，摇匀,放置 6 min 后,最后加入 4%氢氧化钠溶液 4 mL,摇匀,用蒸馏水分别定容至终体积。放置 15 min,在 510 nm 波长下比色测定,以吸光度为纵坐标,浓度为横坐标,绘制标准曲线,得标准回归方程为:Y=12.637X−0.0015,R^2=0.9998,在 0.02–0.16 mg·mL⁻¹ 范围内呈良好的线性关系。

4.2.6.2 样品溶液的制备及测定

取 0.2 g 已过 100 目筛的烘干的甘草根粉末,精密称定,置于 50 mL 锥形瓶中,加 95%乙醇 10 mL,75℃,35 KHz 超声提取 3 次,每次 40 min,提取结束后,过滤,定容至 25 mL 容量瓶,摇匀即得待测样品溶液。

吸取上述样品溶液 2 mL 于 20 mL 刻度试管中,加水 3 mL,再加 0.3 mL 5%亚硝酸钠溶液,混匀,放置 6 min 后,加入 0.3 mL 10%硝酸铝溶液,混匀,放置 6 min 后,加 4%氢氧化钠溶液 4 mL 摇匀,加水至终体积为 10 mL,在 510 nm 波长下比色。

4.2.6.3 甘草总黄酮含量的计算

按标准曲线的方法测定吸收度,根据标准曲线线性回归方程计算样液中的总黄酮含量,再依下式计算样品中的总黄酮百分含量 T:

$$T(\%)=(C{\times}V{\times}N{\times}0.1)/M$$

式中:V——定容后的体积(mL);

N——测定液稀释倍数;

C——样液黄酮含量(mg·mL⁻¹);

M——样品质量(g)

4.2.6.4 方法学考察

1. 精密度试验。分别精密吸取上述标准品溶液 8 mL 于 25 mL 刻度试管中,依 4.2.6.2 方法显色,测定吸光度,求得其 RSD 值为 0.18%(n=5)。

2. 重现性试验。取同一批甘草根样 5 份,分别依 4.2.6.2 中条件制备样品溶液,并测定总黄酮含量,RSD 为 1.33%(n=3)。

3. 稳定性试验。取同一供试品溶液在 4 h、8 h、12 h、24 h 不同时间测定吸光度值,测定结果为:RSD=1.56%(n=4),吸光度值在 24 h 内基本不变。

4. 加样回收率试验。取 0.5 g 已知总黄酮含量的平行 4 份甘草根粉末,精密称定,依条件 4.2.6.2 制备样品溶液,分别定容至 25 mL,分别吸取各容量瓶中溶液 1 mL, 加入 5 μL 的芦丁标准液（0.1 mg·mL⁻¹）,按 4.2.6.1 项制作标准曲线的方法测定吸收度,然后根据回归方程求出样液中的总黄酮含量,再计算 10 mL 样液中的总黄酮含量,计算回收率,结果表明回收率在 96.25%~104.86% 间,RSD=1.97%(n=4)。

4.2.7　甘草多糖含量的测定

多糖含量用苯酚——浓硫酸显色法测定(张静,2005）

4.2.7.1　标准曲线的制作

取干燥恒重的葡萄糖 25.0 mg,精密称定,加适量水溶解,转移至 250 mL 容量瓶中,加水至刻度线,摇匀,配成浓度为 0.1 mg·mL⁻¹ 标准葡萄糖溶液, 备用。分别精确吸取此葡萄糖标准溶液 0.1 mL、0.2 mL、0.3 mL、0.4 mL、0.5 mL、0.6 mL、0.7 mL,置于干燥试管中,分别加水使终体积为 1.0 mL, 再分别加入 15% 苯酚溶液 1 mL,摇匀,然后分别加浓硫酸 5.0 mL,充分摇匀,室温放置 25 min,同时做一空白对照,在 490 nm 处测定吸光度,以吸光度分别对浓度进行线性回归, 得标准回归方程 Y=8.2643X+0.0651, R²=0.9997。

4.2.7.2　多糖的提取及精制

取已过 100 目筛并烘干的甘草根粉末 40 g,精密称定,置于 500 mL 锥形瓶中, 分别用石油醚和体积分数 80% 乙醇于 35 kHz 超声提取 30 min,残渣挥干溶剂后,加水 50 mL 超声提取 30 min,过滤,再加水 50 mL 重复超声提取 1 次,合并 2 次水提液,减压浓缩至一半体积,加入活性炭（100 mL 加 0.1 g）,脱色,过滤。滤液加入体积分数 95% 乙醇使溶液含醇

80%,静置过夜,过滤,残渣用乙醚、无水乙醇反复洗涤,得甘草多糖,60℃烘干备用。

4.2.7.3 换算因素的测定

取 60℃干燥恒重的甘草多糖 20 mg,精密称定,水溶解后定容到 100 mL容量瓶中,摇匀,作为多糖储备液。精确量取多糖储备液 0.5 mL,加水至 1 mL,按测定标线同样的方法测其吸光度值,按下式计算换算因素:

$$f=W/CD$$

其中 f: 换算因素

$\quad W$:多糖质量

$\quad C$:多糖中葡萄糖质量

$\quad D$:多糖的稀释倍数

通过试验得到的换算因素 $f=3.71$。

4.2.7.4 样品测定

取已过 100 目筛并烘干的甘草根粉末 0.1 g,精密称定,置于 50 mL锥形瓶中,用体积分数 80%乙醇浸泡过夜,室温下 35 kHz 超声提取 1 h,过滤,残渣加水 10 mL,超声提取 30 min,再加水 10 mL 重复超声提取 1次,过滤,定容至 25 ml 容量瓶中,摇匀成为待测样品液。测定时,精确取样品液 200 μL,按测定标线同样方法测定吸光度值。具体做法如下:20 μL 样品液置于刻度试管中,加水 980 μL 补至体积为 1 mL,再加入 15%苯酚溶液 1 mL,摇匀后加浓硫酸 5 mL,再充分摇匀,室温放置 25 min。同时做一空白对照,T6 分光光度计上 490 nm 处测定吸光度。

4.2.7.5 按下式计算多糖含量

$$X\%=(C\times D\times f/W)\times100$$

其中 C:多糖液中葡萄糖的质量

$\quad D$:稀释倍数

$\quad f$:换算因素

4.2.8 甘草次酸含量的测定

采用 HPLC 法(杨文远,2005)。

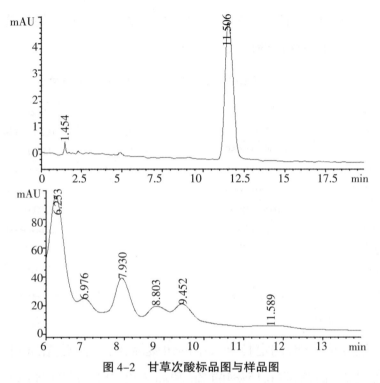

图 4-2　甘草次酸标品图与样品图

取 0.2 g 甘草根粉末,精密称定,置于 10 mL 容量瓶中,加 5 mL 80% 甲醇(含 1%的 $NH_3 \cdot H_2O$),在 250 W、40 KHZ 超声 20 min,取出待冷却以后加 80%甲醇(含 1%的 $NH_3 \cdot H_2O$)定容至刻度,充分摇匀后过 0.45 μm 滤膜即得。

测定用液相色谱条件:C_{18} 柱;流动相:85:15(甲醇:3.6 %乙酸);检测波长:254 nm;进样量:10 μL;柱温:室温。甘草次酸的相对保留时间在 11.5 min 左右。

采用外标法计算甘草次酸含量。

4.3　4种微量元素对甘草角鲨烯含量的影响

在甘草的生长季节中从5月中旬开始，逐月于每月中旬喷施前述4种微量元素，并于喷施后两周采取甘草植株。

表4-1　甘草叶面喷施微量元素处理后甘草根中角鲨烯的含量　　　单位:%

处理	角鲨烯含量	处理	角鲨烯含量
对照	0.105±0.0404c	对照	0.105±0.0404c
钼低	0.108±0.0659c	锰低	0.090±0.0228c
钼中	0.120±0.0696b	锰中	0.085±0.0235c
钼高	0.165±0.0653a	锰高	0.917±0.449c
对照	0.105±0.0404c	对照	0.105±0.0404c
硼低	0.088±0.0214c	锌低	0.118±0.0703b
硼中	0.077±0.0216c	锌中	0.122±0.731b
硼高	0.088±0.024c	锌高	0.173±0.0731a

注:每个数值表示三个重复样品的平均值。不同字母代表微量元素处理与对照之间差异显著($P<0.05$)。

按前述方法制样、测定甘草根中的角鲨烯,结果表明,在4种元素不同浓度处理下,高浓度(0.15%)的 Zn 和高浓度(0.15%)的 Mo 处理与对照相比对甘草根中角鲨烯含量具有极显著的提高作用,中浓度(0.1%)的 Zn、低浓度(0.05%)的 Zn 和中浓度(0.1%)的 Mo 对甘草根中角鲨烯的含量具有显著的提高作用(表4-1)。

对月份间角鲨烯的积累规律进行分析发现,5、6月份甘草根中角鲨烯含量显著极显著高于8、9月份,8、9月份的角鲨烯含量又极显著高于7月、10月($F=5.218$,$P<0.01$)。说明甘草旺盛生长时期是其快速积累角鲨烯的关键时期,而进入盛夏、晚秋角鲨烯积累速率变慢。推测产生这种变化规律可能与角鲨烯的生物合成前体物质——甲羟戊酸来源于初生代谢的乙酰酰辅酶 A,而初生代谢往往与植物的光合作用密切相关,5、6月

份是甘草地上部光合能力最强的阶段,这时的光照强度适宜,甘草植株不易产生光抑制现象,因此,势必会在其植株体内同化形成大量的初生代谢物质,这些物质之间经过复杂的转变,为角鲨烯的生物合成积累了充足的原料。而进入7月,由于西北地区干旱少雨,光照强度过大,甘草虽然为抗旱植物,也难免出现光饱和现象,这样对形成角鲨烯生物合成所需的原料物质是不利的。而进入9、10月份,随着当地秋季的到来,日照变短,光合有效辐射变小,甘草植株也由5、6月份地上部旺盛生长为中心转入地下部根系增粗增长生长为中心的阶段,这时,甘草叶片光合能力下降,角鲨烯形成所需原料可能会受到影响。进而表现为图4-3中所呈现的变化规律。

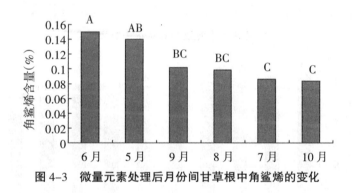

图4-3 微量元素处理后月份间甘草根中角鲨烯的变化

4.4 4种微量元素对甘草酸含量的影响

叶面分别喷施高、中及低浓度B、Mn、Zn和Mo 4种微量元素后,测定甘草根部甘草酸含量。图4-4和4-5表明:中、高浓度(0.1%和0.15%)Zn处理(甘草酸量含量分别为1.20%、1.26%),低、中、高浓度(0.05%、0.1%和0.15%)Mn处理(甘草酸含量分别为1.12%、1.19%和1.30%)及高浓度(0.15%)Mo处理(甘草酸含量为1.22%)下甘草根中甘草酸含量极显著高于对照(0.94%)和其他处理(P<0.01),上述处理下甘草酸含量较对

照分别增加了 27.65%、34.04%、19.14%、26.6%、38.3%和 29.79%。

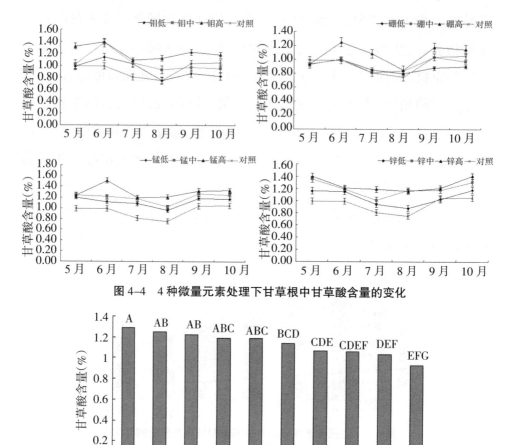

图 4-4　4 种微量元素处理下甘草根中甘草酸含量的变化

图 4-5　微量元素处理下甘草酸含量的差异显著性分析

此外,中浓度(0.1%)Mo(甘草酸含量 1.051%)和低浓度(0.05%)的 Zn 处理(甘草酸含量 1.054%)及高浓度 B 也可显著提高甘草根中甘草酸的含量(P<0.05)。

各处理下各月份间甘草酸的变化也表现出明显差异(P<0.01)。其中 5 月、10 月、6 月的甘草酸含量极显著高于 7 月和 8 月。说明秋末和春末夏初是甘草酸大量积累的两个关键时期,7 月和 8 月的甘草酸含量分别为 1.0%和 0.97%,而 10 月、5 月和 6 月的甘草酸含量分别为 1.14%、

1.19%、1.12%，分别比含量最低的 8 月份的甘草酸含量增加了 17.53%、22.68%和 15.46%。

4.5　4 种微量元素对甘草苷含量的影响

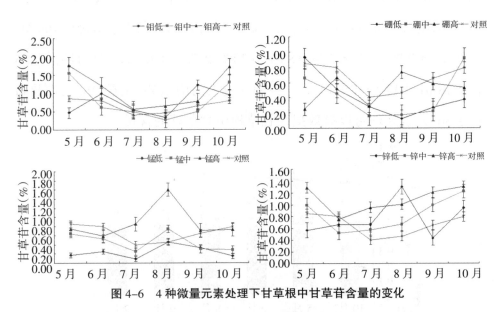

图 4-6　4 种微量元素处理下甘草根中甘草苷含量的变化

由图 4-6 可以看出，4 种微量元素处理下甘草苷的变化趋势各不相同。其中中、高浓度(0.1%和 0.15%)Mo 处理下甘草苷，低、中浓度(0.05%和 0.1%)B 处理下甘草苷随月份变化的趋势与对照相同表现为 5~7 月下降，7~10 月上升，而低浓度(0.05%)Mo 处理、高浓度(0.15%)B 处理和低浓度的(0.05%)Mn 处理下甘草苷月变化曲线则表现为"M"形变化趋势。

中、高浓度(0.1%和 0.15%)Mn 处理和低浓度(0.05%)的 Zn 处理下甘草苷的变化表现出先降后升又降的趋势。而中、高浓度（0.1%和0.15%)Zn 处理下甘草苷则呈现出 5~6 月先降，6~10 月持续上升的相似于对照的变化形式。

就元素处理对甘草苷含量的影响进行方差分析表明,共有 6 个处理与对照差异达极显著水平(F=4.75,P<0.01)。它们分别为:高浓度(0.15%)Mo 处理下甘草苷含量为 1.12%是对照(甘草苷含量为 0.66%)的 1.67 倍,其次是高浓度(0.15%)Zn 处理(1.09%),为对照的 1.65 倍,再次是高浓度(0.15%)的 Mn 处理(0.87%)是对照的 1.32 倍,接着是中浓度(0.1%)的 Zn、中浓度(0.1%)的 Mo、低浓度(0.05%)的 Zn 和低浓度(0.05%)的 Mo 处理(甘草苷的含量分别为 0.83%、0.78%、0.77%和 0.75%,是对照的 1.25 倍、1.18 倍、1.17 倍和 1.14 倍)。说明通过人为增施 Zn 元素、Mo 元素及高浓度 Mn 元素处理可以有效提高甘草根中甘草苷的含量。

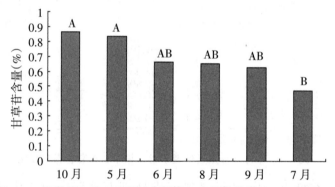

图 4-7　微量元素处理后月份间甘草根中甘草苷的差异显著性分析

同时对各月份间甘草苷含量进方差分析表明,各月份间也达到极显著水平差异(F=3.03,P<0.01)。对各月份间进行多重比较分析,10 月甘草苷与 5 月甘草苷含量极显著高于 6 月、8 月和 9 月份,上述三月又极显著高于 7 月份。

4.6 4种微量元素对甘草总黄酮含量的影响

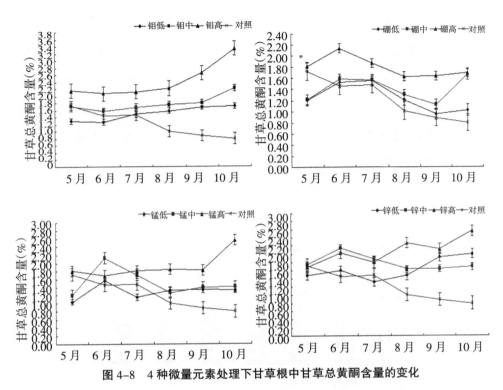

图4-8 4种微量元素处理下甘草根中甘草总黄酮含量的变化

甘草总黄酮在4种元素不同浓度处理下的变化表现如图4-8所示。其中Mo元素处理下均表现为随月份持续上升的变化趋势，只是高浓度上升幅度大于中、低浓度，尤其是在8月以后。B和Mn元素处理下甘草总黄酮含量的月份间变化趋势比较接近，均表现为先升后降再升。Zn元素处理下甘草总黄酮含量在高浓度处理下表现为先升后降再升再降再升，中浓度处理下甘草总黄酮从5~6月上升，6~8月下降，之后有小幅上升至接近7月的水平。低浓度处理的变化趋势与B和Mn元素处理下的相似。但无论哪种元素哪种浓度均不同于对照的变化（表现为5月至10月持续降低）。

对元素处理间甘草总黄酮含量进行方差分析表明各处理达极显著差异(F=9.209,P<0.01)。多重比较结果表明,极显著高于对照总黄酮含量(1.23%)的分别是高浓度(0.15%)Mo处理(总黄酮含量2.43%),高浓度(0.15%)Zn(总黄酮含量2.08%),高浓度(0.15%)Mn(总黄酮含量1.95%),中浓度(0.1%)Mo(总黄酮含量1.81%),高浓度(0.15%)B(总黄酮含量1.78%),中浓度(0.1%)Zn(总黄酮含量1.75%),低浓度(0.05%)Zn(总黄酮含量1.64%),中浓度(0.1%)Mn(总黄酮含量1.51%),低浓度(0.05%)Mo(总黄酮含量1.50%),中浓度(0.1%)B(总黄酮含量1.41%),低浓度(0.05%)Mn(总黄酮含量1.29%),低浓度(0.05%)B(总黄酮含量1.26%)。

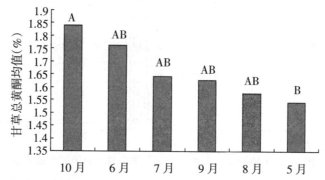

图4-9 微量元素处理后月份间甘草根中甘草总黄酮的差异显著性分析

微量元素处理下各月份间甘草总黄酮含量进方差分析表明各月份间也达到极显著水平差异(F=2.095,P<0.01)。对各月份间甘草总黄酮含量进行多重比较分析,10月甘草总黄酮含量极显著高于6月、7月、9月和8月,上述四月又极显著高于5月份(见图4-9)。

4.7 4种微量元素对甘草多糖含量的影响

由图4-10可以看出,低、中、高浓度(0.05%、0.1%和0.15%)Mo元素处理及低浓度（0.05%）B处理下甘草多糖含量的变化均表现为先升后降。低、中、高浓度（0.05%、0.1%和0.15%）Mn元素处理下甘草多糖含量的变化则表现为先升后降再升。中浓度（0.1%）B元素处理及低、中、高浓度（0.05%、0.1%和0.15%）Zn元素处理甘草多糖含量的变化趋势均大致表现为先降后升。

对元素处理间甘草多糖含量进行方差分析，结果表明各处理组合间差异达极显著（F=5.131，P<0.01），进一步对其进行多重比较分析，与对照多糖含量（14.70%）达极显著水平差异的包括：0.1%Zn处理（甘草多糖含量21.58%）。0.15%Mn（甘草多糖含量16.41%）和0.1%Mn（甘草多糖含量15.82%）处理。上述3种处理后甘草根中甘草多糖的含量分别比对照增加了46.80%、11.63%和7.6%。

但各处理下甘草根中多糖含量月份间无显著差异。

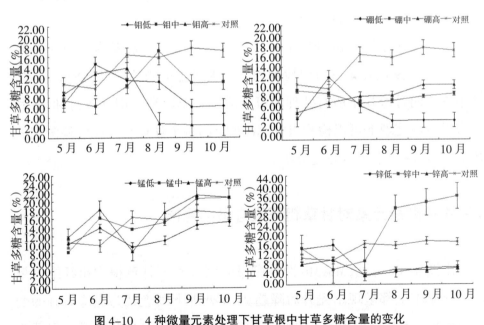

图4-10　4种微量元素处理下甘草根中甘草多糖含量的变化

4.8 4种微量元素对甘草次酸含量的影响

表4-2　4种微量元素处理下甘草根中甘草次酸含量的变化　（单位:%）

处理组合	5月	6月	7月	8月	9月	10月
钼低	–	0.13	0.14	0.19	–	–
钼中	–	0.25	0.22	–	0.50	–
钼高	0.26	0.36	0.17	0.36	0.26	–
硼低	0.04	0.29	–	0.19	0.14	–
硼中	–	0.29	0.09	0.60	–	0.56
硼高	0.02	0.13	0.15	0.01	–	–
锰低	–	0.28	0.15	–	–	0.66
锰中	0.27	0.12	0.20	0.23	0.02	–
锰高	0.05	0.14	0.22	–	0.41	–
锌低	–	0.30	0.14	0.11	0.22	0.75
锌中	–	0.38	0.16	0.03	0.03	–
锌高		0.15	0.24	–	–	–
对照		0.026	0.15	0.29	0.23	–

注:"–"表示未检测到甘草次酸。

对各元素不同浓度处理下各月份甘草根中甘草次酸含量测定结果表明,6、7、8、9这几个月可以检测到甘草次酸含量的处理组合相对较多,其中6、7两月份几乎所有处理均可检测到甘草次酸,但在5月和10月只有极少数处理下可以检测出甘草次酸。因每个处理每月能够检测到的数据不全,故而未进行方差分析。

4.9 4种微量元素对甘草粗纤维含量的影响

由图4-11可见,Mo、Mn两种微量元素处理下甘草根中粗纤维含量的变化基本上都呈现出先升后降趋势,B处理下则表现为先降后升的变化,Zn处理下甘草根中粗纤维含量的变化表现为先升后降再升。但无论哪种元素处理,高浓度处理下甘草根中粗纤维含量均是每一种元素处理中最高的。

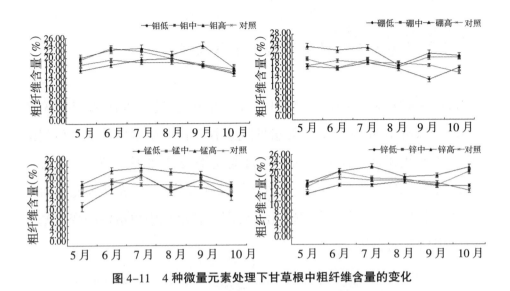

图4-11 4种微量元素处理下甘草根中粗纤维含量的变化

对各元素处理组合下甘草根中粗纤维含量进行方差分析，结果表明，各处理间差异达极显著水平（$F=4.736$，$P<0.01$）。进一步对各处理进行多重比较分析，与对照（粗纤维含量为18.12%）达极显著水平差异的依次为高浓度（0.15%）B（粗纤维含量为22.14%），高浓度（0.15%）Mo（粗纤维含量为21.10%），高浓度（0.15%）Mn（粗纤维含量为20.98%），高浓度（0.15%）Zn（粗纤维含量为20.51%）。上述4种处理组合下甘草根中粗纤维含量分别比对照增加了22.18%、16.44%、15.78%、13.19%。

各月份间甘草根中粗纤维含量也达到了显著水平差异（$F=4.209$，$P<0.05$）。其中7月份甘草根中粗纤维含量最高，20.79%，显著高于6月、9月、8月、10月和5月（图4-12）。

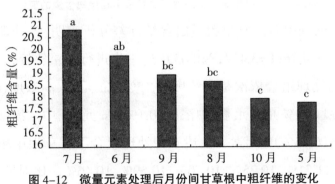

图4-12 微量元素处理后月份间甘草根中粗纤维的变化

4.10 4 种微量元素对甘草粗蛋白含量的影响

4 种微量元素不同浓度处理下甘草根中粗蛋白含量的变化见图 4-13，可以看出 Mo 和 Mn 两元素处理下甘草根中粗蛋白含量月份间的变化趋势比较相似，均表现为 5~7 月变化平缓, 7~8 月下降, 8~10 月上升。B 元素处理下甘草根中粗蛋白含量升降起伏较多, 表现为先降后升再降然后又升高的变化趋势。Zn 元素处理下甘草根中粗蛋白的变化基本保持先降后升的态势。

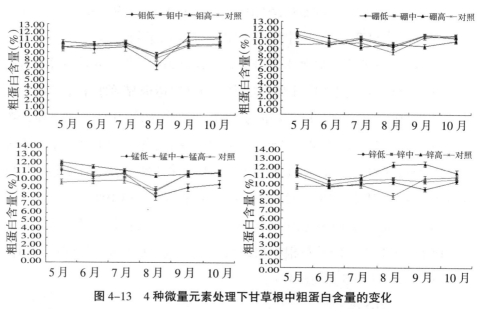

图 4-13 4 种微量元素处理下甘草根中粗蛋白含量的变化

各元素处理组合间甘草粗蛋白含量方差分析表明，各处理与对照均呈现显著水平差异($F=3.437$, $P<0.05$)。进一步进行多重比较，与对照存在显著差异的处理组合依次是高浓度(0.15%)Zn 元素、高浓度(0.15%)Mn 元素、中浓度(0.1%)Mn 元素、中浓度(0.1%)Zn 元素、中浓度(0.1%)B 元素和高浓度(0.15%)B 元素。上述 6 种处理组合下甘草根中粗蛋白分别为 11.62%、11.21%、10.75%、10.70%、10.59%、10.46%，比对照 10.04%分

别增加了 15.73%、11.65%、7.07%、6.57%、5.48%和4.18%。

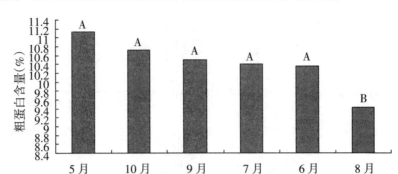

图 4-14　微量元素处理后月份间甘草根中粗蛋白的变化

由图 4-14 可以看出，月份间甘草根中粗蛋白含量也存在极显著差异（F=7.292，P<0.01）。其中5月、10月、9月、7月和6月的粗蛋白含量极显著高于8月。

4.11　4种微量元素对甘草粗脂肪含量的影响

甘草根中粗脂肪含量在各元素处理下和对照均表现出 5~6 月先降低、6~8 月升高、8~10 月再降低的相同的变化趋势（图 4-15）。

对各元素处理下甘草粗脂肪含量进行方差分析，结果表明，各处理间存在显著差异（F=1.76，P<0.05）。进一步对其进行多重比较分析，与对照存在显著水平差异的处理组合分别为：低浓度（0.05%）Zn 元素、中浓度（0.1%）Mo 元素、高浓度（0.15%）Mn 元素、中浓度（0.1%）Zn 元素、中浓度（0.1%）Mn 元素、低浓度（0.05%）B 元素、高浓度（0.15%）Mo 元素、高浓度（0.05%）B 元素、低浓度（0.05%）Mn 元素。上述几种处理下甘草根中粗脂肪含量分别为 4.72%、4.32%、4.28%、4.28%、4.25%、4.24%、4.16%、4.11%和 4.06%，分别比对照粗脂肪含量 3.29%增加了 43.46%、31.31%、30.09%、30.09%、29.18%、28.87%、26.44%、24.92%和 23.40%。

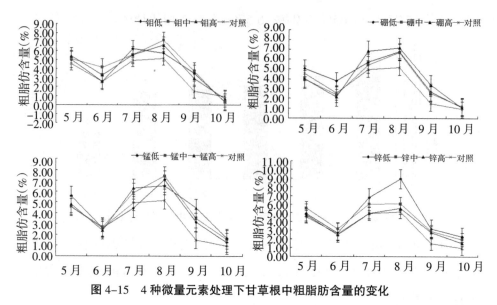

图4-15　4种微量元素处理下甘草根中粗脂肪含量的变化

由图4-16可以看出，月份间甘草根中粗脂肪含量也存在极显著差异（F=124.8，P<0.01）。其中8月粗脂肪含量极显著高于7月、5月、9月和6月、10月。

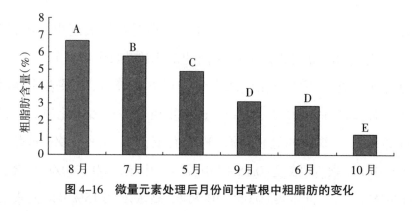

图4-16　微量元素处理后月份间甘草根中粗脂肪的变化

4.12　4种微量元素对甘草主要次生代谢成分比例关系的影响

在对各处理下各月份甘草根中次生代谢成分含量测定的基础上，将各次生代谢成分含量与甘草酸相比，得如下表4-3（A、B、C、D、E、F）各月份各处理下甘草酸与其他次生代谢成分比例关系表。

表 4-3(A) 各处理下甘草主要次生代谢成分比例关系

5月	比例				
	甘草酸	甘草苷	甘草总黄酮	甘草多糖	甘草次酸
钼低	1	0.47	1.32	6.72	
钼中	1	1.52	1.68	7.32	
钼高	1	1.34	1.64	6.57	0.20
硼低	1	1.00	1.30	4.27	0.05
硼中	1	0.71	1.32	10.19	
硼高	1	0.27	1.95	5.64	0.02
锰低	1	0.14	0.87	8.51	
锰中	1	0.52	0.97	6.76	0.22
锰高	1	0.60	1.46	9.45	0.04
锌低	1	0.49	1.29	12.49	
锌中	1	0.73	1.29	10.80	
锌高	1	0.92	1.20	5.86	
空白	1	0.86	1.75	10.74	

表 4-3(B) 各处理下甘草主要次生代谢成分比例关系

6月	比 例				
	甘草酸	甘草苷	总黄酮	多糖	甘草次酸
钼低	1.00	0.87	1.11	12.74	0.11
钼中	1.00	0.44	1.14	4.56	0.18
钼高	1.00	0.87	1.49	9.14	0.26
硼低	1.00	0.51	1.53	11.98	0.29
硼中	1.00	0.45	1.56	8.75	0.29
硼高	1.00	0.53	1.71	5.70	0.10
锰低	1.00	0.22	1.41	12.52	0.25
锰中	1.00	0.44	1.76	13.46	0.10
锰高	1.00	0.39	1.12	12.00	0.09
锌低	1.00	0.58	1.39	13.92	0.26
锌中	1.00	0.44	1.80	4.99	0.32
锌高	1.00	0.62	1.67	8.26	0.13
对照	1.00	0.81	1.47	9.92	0.03

表 4-3（C）　各处理下甘草主要次生代谢成分比例关系

7月	比　例				
	甘草酸	甘草苷	总黄酮	多糖	甘草次酸
钼低	1.00	0.52	1.44	10.97	0.13
钼中	1.00	0.48	1.62	9.88	0.21
钼高	1.00	0.51	1.95	12.70	0.16
硼低	1.00	0.33	1.83	7.63	－
硼中	1.00	0.20	1.93	8.71	0.11
硼高	1.00	0.26	1.73	7.77	0.14
锰低	1.00	0.08	1.07	8.84	0.14
锰中	1.00	0.22	1.46	11.61	0.17
锰高	1.00	0.71	1.52	7.09	0.19
锌低	1.00	0.70	1.40	3.78	0.15
锌中	1.00	0.56	1.85	9.35	0.16
锌高	1.00	0.80	1.51	3.19	0.20
对照	1.00	0.49	1.83	20.26	0.18

表 4-3（D）　各处理下甘草主要次生代谢成分比例关系

8月	比　例				
	甘草酸	甘草苷	总黄酮	多糖	甘草次酸
钼低	1.00	0.45	2.12	14.78	0.26
钼中	1.00	0.28	1.88	18.35	－
钼高	1.00	0.57	1.97	2.51	0.32
硼低	1.00	0.16	1.51	4.55	0.24
硼中	1.00	0.20	1.56	9.03	0.72
硼高	1.00	0.86	1.92	10.04	0.01
锰低	1.00	0.48	1.38	11.43	－
锰中	1.00	0.73	1.25	14.85	0.23
锰高	1.00	1.33	1.53	14.45	－
锌低	1.00	1.49	1.70	5.68	0.13
锌中	1.00	0.57	1.40	26.30	0.02
锌高	1.00	0.87	1.96	5.26	－
对照	1.00	0.61	1.34	21.08	0.39

表4-3(E)　各处理下甘草主要次生代谢成分比例关系

9月	比　例				
	甘草酸	甘草苷	总黄酮	多糖	甘草次酸
钼低	1.00	1.40	1.94	6.99	–
钼中	1.00	0.51	1.86	11.19	0.52
钼高	1.00	0.63	2.16	2.05	0.21
硼低	1.00	0.31	1.08	4.17	0.16
硼中	1.00	0.21	1.09	8.10	–
硼高	1.00	0.49	1.39	8.97	–
锰低	1.00	0.29	1.14	12.32	–
锰中	1.00	0.24	1.11	16.35	0.01
锰高	1.00	0.54	1.38	16.23	0.31
锌低	1.00	0.42	1.87	6.54	0.22
锌中	1.00	0.84	1.39	28.08	0.03
锌高	1.00	1.00	1.75	4.76	–
对照	1.00	0.63	0.85	17.02	0.22

表4-3(F)　各处理下甘草主要次生代谢成分比例关系

10月	比　例				
	甘草酸	甘草苷	总黄酮	多糖	甘草次酸
钼低	1.00	1.14	2.07	7.53	–
钼中	1.00	1.36	2.33	11.53	–
钼高	1.00	1.46	2.83	2.17	–
硼低	1.00	0.42	1.13	4.17	–
硼中	1.00	0.95	1.71	9.14	0.58
硼高	1.00	0.46	1.47	9.21	–
锰低	1.00	0.13	1.13	12.96	0.56
锰中	1.00	0.22	1.14	16.72	–
锰高	1.00	0.55	1.93	15.76	–
锌低	1.00	0.80	1.70	5.94	0.64
锌中	1.00	0.93	1.29	27.21	–
锌高	1.00	0.92	1.82	4.72	–
对照	1.00	0.75	0.76	16.36	–

从表中数据可看出,各处理及对照下各月份甘草主要次生代谢成分甘草酸:甘草苷:总黄酮:多糖:甘草次酸比例在 1:(0.08~1.49):(0.76~2.83):(2.05~28.08):(0.01~0.72)范围内变化。甘草苷与甘草酸比例最大值为最小值的 18.6 倍,总黄酮与甘草酸比例最大值为最小值的 3.72 倍,多糖与甘草酸比例最大值为最小值的 13.7 倍,甘草次酸与甘草酸比例最大值为最小值的 72 倍。

如果将各月份的数值进行求和,然后以平均值来分析各处理下甘草苷等成分与甘草酸的比例,则如表 4-4 所示。各处理组合下甘草根中主要次生代谢成分甘草酸:甘草苷:总黄酮:多糖比例在 1:(0.22~0.91):(1.16~1.99):(5.34~17.96)范围内变化。甘草苷与甘草酸比例最大值为最小值的 4.14倍,总黄酮与甘草酸比例最大值为最小值的 1.72 倍,多糖与甘草酸比例最大值为最小值的 3.36 倍。由此可以看出,甘草总黄酮与甘草酸比例相对较稳定。因甘草次酸各处理下有些月份未能全部检出,所以这里未对甘草次酸与甘草酸的比例关系进行比较。

表 4-4　各处理下甘草主要次生代谢成分(均值)比例关系

处理	比例			
	甘草酸	甘草苷	甘草总黄酮	甘草多糖
钼低	1	0.80	1.61	9.97
钼中	1	0.75	1.71	10.00
钼高	1	0.91	1.99	5.88
硼低	1	0.47	1.39	6.25
硼中	1	0.46	1.51	8.97
硼高	1	0.47	1.67	7.84
锰低	1	0.22	1.16	11.10
锰中	1	0.38	1.28	13.28
锰高	1	0.67	1.48	12.58
锌低	1	0.72	1.55	8.33
锌中	1	0.69	1.49	17.96
锌高	1	0.86	1.64	5.34
对照	1	0.70	1.31	15.55

4.13 甘草酸与各初生代谢物质及其他次生代谢物质间的逐步回归分析

为了探讨甘草酸的形成与积累与其他代谢物质之间的关系,我们采用逐步回归分析,对甘草酸、甘草苷、甘草次酸、甘草多糖、甘草总黄酮、甘草粗蛋白、甘草粗纤维及甘草粗脂肪间的相互关系进行了分析。得到如下回归方程:

$$Y=-1.17+0.097X_1+0.072X_3+1.99X_4-0.47X_5+0.49X_6+0.019X_7$$

其中 X_1 为粗蛋白, X_3 为粗脂肪, X_4 为角鲨烯, X_5 为甘草苷, X_6 为总黄酮, X_7 为多糖。

表 4-5　甘草中主要初生代谢成分及次生代谢成分间的通径系数

通径系数 因子	直接	→X1	→X3	→X4	→X5	→X6	→X7
X1	0.4037		−0.0381	0.0853	−0.2048	0.1777	−0.0078
X3	0.1745	−0.0882		−0.0537	0.0232	0.2237	0.0286
X4	0.4294	0.0802	−0.0218		−0.6767	0.7036	−0.1587
X5	−0.8097	0.1021	−0.005	0.3589		0.8471	−0.0075
X6	1.0467	0.0685	0.0373	0.2886	−0.6553		−0.0685
X7	0.5593	−0.0056	0.0089	−0.1218	0.0108	−0.1283	

由表 4-5 可知,总黄酮含量与甘草酸间直接通径系数最大为1.0467,其次为多糖,直接通径系数为 0.5593,再次为角鲨烯,直接通径系数为0.4294,其后依次为粗蛋白(直接通径系数为0.4037)、粗脂肪(直接通径系数为0.1745)和甘草苷(直接通径系数为−0.8097)。

说明甘草根中主要初生代谢成分、次生代谢成分对甘草酸形成与积累贡献大小排列第一位的是总黄酮,其次是多糖,再次是角鲨烯。

4.14 讨论

4.14.1 微量元素处理下甘草中主要次生代谢成分的含量变化

甘草中药用化学成分众多,目前已分离有 170 多种化学成分(王跃飞,2006)。其中,三萜类化合物、黄酮类化合物和甘草多糖类化合物是主要成分,此外还有多种氨基酸、雌性激素、有机酸以及少量的生物碱、香豆素等。甘草酸一直以来都作为评价甘草药材质量的主要指标。甘草酸是由甘草次酸与 2 分子葡萄糖醛酸组成,其含量高低又往往与许多因素密切相关。包括遗传因子、环境因子两个大的方面。本实验选择了环境因子中微量元素这一具体的影响因子,在已有文献资料的基础上,选择 B、Mn、Zn 和 Mo 4 种微量元素,开展不同浓度上述 4 种元素对甘草酸形成与积累影响的研究。

通过测定了一年生长季节中甘草主要生长月份（5 月、6 月、7 月、8 月、9 月、10 月)根中甘草酸、甘草苷、甘草总黄酮、甘草多糖及甘草次酸这几种主要的次生代谢成分含量,分析其随处理及月份的变化规律,初步发现,甘草酸与甘草苷月份间的变化趋势相似,均以 10 月、5 月为最高,能够明显促进甘草酸与甘草苷含量的微量元素种类也相同,为 Mn、Zn 和 Mo 三种。说明,在甘草人工栽培中,如果以获得甘草酸含量高为最终目标,可以增施 Mn、Zn 和 Mo 三种微量元素,而且此举还可以同时获得高含量的甘草苷。而甘草总黄酮与甘草多糖则表现出与上述两种成分不同的变化。其中甘草总黄酮含量以当年 10 月与 6 月为最高,而甘草多糖则未表现出月份间差异。能够促进甘草总黄酮含量显著提高的微量元素种类为 Mn、Zn、Mo 和 B 四种元素,只是具体作用浓度各异,对于甘草多糖含量具有显著提高作用的微量元素种类为 Zn 和 Mn 两种元素。在对甘草次酸的检测中我们只有在 6 月份所有处理下均检测到了其的存在,但是其他月份尤其是 5 月和 10 月能够检测到甘草次酸的处理组合很少。仅从 6 月份的甘草次酸含量进行分析，Mo 元素中、高浓度处理下甘草次酸含量为所有处理组合中较高的。

杨海霞（2007）对 323 份宁夏地区人工栽培甘草的研究报道，甘草苷、甘草黄酮与甘草酸之间存在着一定的相关性，其中甘草苷与甘草酸的相关性大于甘草黄酮与甘草酸间的相关性，相关系数 r 分别为 0.8090 和 0.6641。本实验中甘草酸与甘草苷在一年中含量的变化及在各种微量元素不同浓度处理下的变化趋势基本相同，甘草酸与其他物质组分间逐步回归分析表明，甘草总黄酮对甘草酸的形成贡献作用最大，而甘草苷与甘草酸的形成存在竞争，表现为甘草苷对甘草酸的直接通径系数为负值。与杨海霞对宁夏人工种植甘草研究所得甘草酸与甘草苷呈正相关性结果不同。

甘草酸经酸性水解或 Co60 辐射均能引起甘草酸降解为甘草次酸（杨文远，2005）。甘草次酸的基本骨架也为齐墩果烷型。本实验中只有在 6 月各处理下均检测到甘草次酸的存在，说明在 6 月份甘草酸存在严重的降解，但是什么原因导致该月份甘草酸降解为甘草次酸，还有待于进一步深入研究。其他月份尤其是 5 月份 10 月份检测到极少处理组合下存在甘草次酸，正好与这两个月份甘草酸含量是一年中最高相吻合。说明秋末和初春是甘草酸大量积累的时期，也是人工种植甘草适宜的采收期。

甘草中另一类重要的有效成分——甘草黄酮含量常采用以芦丁为对照品的比色法。本实验中选择此法对甘草总黄酮进行了测定。但目前关于甘草黄酮测定方法较多，没有统一的标准方法，有文献认为芦丁作为对照品测得甘草黄酮量偏低，认为可以用柚皮苷作为对照品，还有用甘草苷作为对照品进行测定的（马君义，2008；Daniela M，2003），给文献间进行分析比较造成一定困难。

甘草多糖作为甘草中一种重要的成分，近年相关文献报道也很多，但多是关于其提取方法与结构表征、分离纯化等方面（刘霞，2004；Gabriela Cuesta，2003；丛媛媛，2008）。关于矿质元素对其影响的研究，主要集中于大量营养元素氮、磷、钾对其的影响（张燕，2005；赵莉，2005）。赵莉（2005）研究表明，品种间以光果甘草多糖含量显著高于乌拉尔甘草、胀果甘草及黄甘草，若以甘草多糖含量为评价指标，最优栽培措施为灌溉量 3000 m³·hm⁻²、移栽苗（对照）处理、二铵 150 kg·hm⁻²、尿素 300 kg·hm⁻²、株距 10 cm。本实验中能够有效促进甘草多糖含量提高的是 Zn 和 Mn 两种元素，从植物生理学角度考虑，B 对植物同化物质尤其是糖类形成具有重要作用，但本实验中却未得出 B 元素促进甘草多糖含量提高的结果，此外 Mo 元素也是许多光合过程中关键酶的辅助因子或组成成分，在本实验中 Mo 元素也没有表现出显著的促进甘草多糖积累的结果。有待将来对其进行进一步的研究。

4.14.2 微量元素处理下甘草中几种初生代谢成分的含量变化

目前公认甘草酸生物合成主要为甲羟戊酸途径（MVA 途径），这一途径起始底物为乙酰辅酶 A，它主要来源于初生代谢过程。因此，分析甘草根中主要初生代谢产物成分的变化，对于揭示甘草酸形成积累的机制具有一定意义。

在本实验中主要测定了各微量元素不同浓度处理下甘草根中粗纤维、粗蛋白和粗脂肪三种主要初生代谢物质的含量。结果表明，甘草粗纤维和甘草粗脂肪在所选 4 种微量元素相应的浓度处理下均可以显著高于对照，其中能够显著提高甘草粗纤维含量的为这 4 种元素的高浓度（0.15%）处理，而对于粗脂肪则包括中、高浓度（0.1% 和 0.15%）处理。对甘草粗蛋白含量有显著提高作用的是高浓度（0.15%）B 元素和中、高浓度（0.1% 和 0.15%）的 Zn 元素和 Mn 元素。这三种初生代谢物质含量在月份间也存在显著差异,其中粗纤维含量以7月为最高,而粗蛋白、粗脂肪含量最高期分别在5月和8月。

关于初生代谢产物与甘草药材质量的研究近几年主要文献报道均来自于北京中医药大学王文全教授的博、硕士论文(唐晓敏,2008;冯薇,2007)。水分和盐分处理改变了药材的物质组分,从而引起甘草酸和甘草苷含量的变化。胁迫条件下药材的总糖含量降低,粗纤维、粗蛋白含量提高。甘草酸、甘草苷含量与总糖、灰分含量表现为负相关关系,与粗纤维含量表现为正相关关系(唐晓敏,2008)。本实验中各微量元素处理也对甘草物质组分产生了明显影响,其中粗蛋白、粗脂肪对甘草酸的形成与积累的直接通径系数达到显著水平,与唐晓敏所得结果不同,说明微量元素处理可能是通过对粗蛋白、粗脂肪的影响,从而引起甘草酸含量的变化。

4.14.3 合成前体角鲨烯与甘草酸的关系

在甘草酸生物合成途径中处于中间代谢环节的一个主要物质就是角鲨烯,它是在SQS作用下将法呢基焦磷酸催化形成的产物。在已有文献中未见有甘草中角鲨烯提取测定及相关处理对其含量影响方面的报道。在前期研究中,从甘草酸生物合成与中间代谢前体物质间关系的研究角度入手,在甘草根中首次成功提取得到角鲨烯,并经相关色谱、质谱鉴定,确定就是角鲨烯。进一步对微量元素处理下甘草根中角鲨烯含量进行定量测定,发现对角鲨烯含量具有极显著提高作用的微量元素及相应浓度处理组合分别是高浓度(0.15%)的Zn元素和高浓度的(0.15%)Mo元素处理,对甘草根中角鲨烯含量具有显著提高作用的是中浓度(0.1%)的Zn元素、低浓度(0.05%)的Zn元素和中浓度(0.1%)的Mo元素。运用相关分析研究甘草酸与角鲨烯间的关系,表明,甘草酸含量与角鲨烯含量间存在显著正相关关系(相关系数为0.5731,大于r=0.5529)。

但比较遗憾的是，本实验中未能按照已有相关文献报道（刘长利，2006；唐晓敏，2008；Sparzak B，2009；Martelanc M，2009；Alvarez MC，2009）所注方法提取得到甘草酸生物合成更直接的前体物质——β-香树脂醇。这方面的内容还有待以后进一步尝试改进提取条件、色谱检测条件完成。

4.15 结论

通过本章叶面喷施 B、Mn、Zn 和 Mo 对甘草根中主要初生、次生代谢产物含量及甘草酸生物合成主要前体物质角鲨烯的影响研究，发现不同种类微量元素和不同浓度处理影响了甘草根中主要代谢物质的含量，影响程度因元素种类和处理浓度不同而不同，具体结论如下：

1. 叶面喷施 B、Mn、Zn 和 Mo 4 种微量元素处理后，对甘草酸等甘草主要次生代谢成分含量的月变化均产生了明显影响。具体结论如下：

能够极显著促进甘草酸积累的元素及相应的作用浓度分别是：0.1% 和 0.15% Zn 元素处理，0.05%、0.1% 和 0.15%Mn 元素处理及 0.15% Mo 元素处理。此外 0.1% Mo 元素和 0.05% Zn 元素处理也可显著提高甘草根中甘草酸的含量。各处理下各月份间甘草酸的变化也表现出明显差异。其中 5 月、10 月、6 月的甘草酸含量极显著高于 7 月和 8 月。

0.15% Mo 元素处理、0.15% Zn 元素处理、0.15% Mn 元素处理及 0.1% Zn 元素、0.1% Mo 元素、0.05% Zn 元素和 0.05% Mo 元素处理是能够极显著、显著促进甘草根中甘草苷形成与积累的有效处理组合。各处理下 10 月份甘草根中甘草苷与 5 月份甘草苷含量极显著高于 6 月、8 月和 9 月份，上述三月又极显著高于 7 月份。

12 种处理组合均可以显著提高甘草根中总黄酮的含量，显著水平按大小排序分别为：0.15% Mo 元素、0.15% Zn 元素、0.15% Mn 元素、0.1%

Mo 元素、0.15% B 元素、0.1% Zn 元素、0.05% Zn 元素、0.1% Mn 元素、0.05% Mo 元素、0.1% B 元素、0.05% Mn 元素和 0.05% B 元素。各处理下 10 月甘草总黄酮极显著高于 6 月、7 月、9 月和 8 月，上述四月又极显著高于 5 月份。

对甘草根中多糖含量具有显著提高作用的只有 0.1% Zn 元素、0.15% Mn 元素和 0.1% Mn 元素。且各处理下月份间甘草多糖含量未达到显著水平差异。

甘草次酸在各处理下只有 6 月份全部检测到其存在，其他月份均存在部分处理下未检测到甘草次酸的情况，因此未能进行元素处理对其影响的分析。

2. 叶面喷施 B、Mn、Zn 和 Mo 4 种微量元素处理后，甘草根中粗纤维、粗蛋白和粗脂肪均发生了明显的变化。具体结论如下：

4 种元素在浓度为 0.15% 时可以极显著提高甘草根中粗纤维含量。各处理下 7 月份甘草根中粗纤维含量极显著高于 6 月、9 月、8 月、10 月和 5 月。

可以明显提高甘草根中粗蛋白含量的处理有 0.15% Zn 元素、0.15% Mn 元素、0.1% Mn 元素、0.1% Zn 元素、0.1% B 元素和 0.15% B 元素 6 种，且各处理下 5 月、10 月、9 月、7 月和 6 月的粗蛋白含量极显著高于 8 月。

能够显著提高甘草根中粗脂肪含量的处理组合包括：0.05% Zn 元素、0.1% Mo 元素、0.15% Mn 元素、0.1% Zn 元素、0.1% Mn 元素、0.05% B 元素、0.15% Mo 元素、0.15% B 元素和 0.05% Mn 元素，且 8 月粗脂肪含量极显著高于 7 月、5 月、9 月和 6 月、10 月。

3. 4 种微量元素处理对角鲨烯含量具有极显著提高作用的是 0.15% Zn 元素和 0.15% Mo 元素处理，此外，0.1% Zn 元素、0.05% Zn 元素和 0.1% Mo 元素对甘草根中角鲨烯的含量也具有显著的促进作用。各处理下 6 月份角鲨烯含量极显著高于其他月份。

对角鲨烯与甘草酸间的关系进行了首次探讨,表明角鲨烯含量与甘草酸含量间存在显著正相关关系。

4. 在完成了上述实验研究的基础上,运用逐步回归分析方法对甘草酸与其他次生代谢成分、合成中间物质角鲨烯及粗纤维、粗脂肪和粗蛋白三种主要初生代谢成分间进行分析,结果表明,对甘草酸形成积累影响最大的是甘草总黄酮,其次为多糖,再次为角鲨烯。初步说明,甘草酸生物合成中,合成前体物质的量影响最终产物的量,前体物质量大,最终形成终产物的量也大。次生代谢成分中总黄酮和多糖对甘草酸的形成也具有重要作用。

参考文献

[1]中华人民共和国国家质量监督检验检疫总局,中国国家标准化管理委员会.中华人民共和国国家标准[M].北京:中国标准出版社,2006.

[2]赵则海,曹建国,李庆勇,等. 黑龙江西部乌拉尔甘草总黄酮含量的动态变化[J].植物研究,2004,24(2):235-239.

[3]王振荣,邓立育,郭伟玲,等. 黑龙江、新疆、安徽产甘草中糖、总皂甙及总黄酮成分的比较研究[J].黑龙江大学自然科学学报,2006,17(2):82-84.

[4]张静,刘平,蔡利. 中药甘草水溶性多糖的提取与测定[J].陕西师范大学学报(自然科学版),2005,33(2):65.

[5]杨文远,郝凤霞. 用 RP-HPLC 法同时测定甘草中的甘草酸和甘草次酸[J].宁夏大学学报(自然科学版),2005,26(1):56-58.

[6]王跃飞,文红梅,郭立玮,等. 不同产地甘草的聚类分析[J].中草药,2006,37(3):435-439.

[7]杨海霞,李明,张清云,等. 宁夏人工栽培甘草药用成分含量初步研究[J],2007,4:7-8.

[8]马君义,张继,姚健. 相同栽培条件下四种甘草根中总黄酮含量的比较[J].中国医院药学杂志,2008,28(6):416-418.

[9]Daniela M. Biondi,Concetta Rocco,Giuseppe Ruberto. New dihydrostilbene derivatives from the leaves of *Glycyrrhiza glabra* and evaluation of their antioxidant activity[J]. J.Nat. Prod.,2003,66:477-480.

[10] 刘霞,谢建新,李艳,等.甘草多糖的超声提取及含量分析[J].西北药学杂志,2004,19(2):60-61.

[11] 丛媛媛.新疆胀果甘草多糖的分离纯化、结构分析和生物活性研究[D].新疆医科大学博士论文,2008.

[12] Gabriela Cuesta,Norma Suarez,Maria I.Bessio,et al.Quantitative determination of pneumococcal capsular polysaccharide serotype 14 using a modification of phenol-sulfuric acid method[J].Journal of Microbiological Methods,2003,52(1):69-73.

[13] 张燕,王继永,刘勇,等.氮肥对乌拉尔甘草生长及有效成分的影响[J].北京林业大学学报,2005,27(3):57-60.

[14] 赵莉,程争鸣,牟书勇,等. 栽培条件下甘草的甘草酸及多糖含量[J].干旱区地理,2005,28(6):843-848.

[15] 唐晓敏. 水分和盐分处理对甘草药材质量的影响[D]. 北京中医药大学博士学位论文,2008.

[16] 冯薇,王文全,赵平然. 甘草活性成分和营养成分动态变化研究[J].中国中药杂志,2008,33(10):1206-1207.

5 不同地区甘草根中元素的水平、形态及其与甘草酸积累的关系

　　中草药是我国宝贵的医学财富,千百年来人们一直在探索其功效与成分的关系。随着科技的进步,中药再次成为世界研究的热点。从 20 世纪 80 年代开始,中国的中药微量元素组学研究就已蓬勃开展,从单味中药少数元素测量开始,进而对多种中药多种元素做同时测定。据初步统计,至 2012 年 10 月,我国已经测定的中药有 747 种 6780 味。在植物药中已经测定到的元素有 72 种(C、H、O、N),单味药中测定最多的元素有55 种,单次研究中测量最多的中药有 619 种(李增禧,2013)。

　　近年来研究表明,中药有效成分的发挥,不仅与所含有机成分有关,而且与其所含微量元素的种类和含量有关,某些微量元素本身就具有营养和治疗作用。中药中的微量元素是传统中药理论量化的物质基础,是中药有效药成分的核心组分(秦俊法,2014)。研究和开发中草药中的微量元素是现代中医临床的重要课题,它对阐明传统的药理、毒理及药品的分类提供依据,对改造和创造新药提供一定的信息和基础,对鉴别药品的真伪、中草药的种植与综合利用开发提供指导。

　　我国是世界上微量元素研究(以矿物药为标志)最早的国家。我国现代微量元素研究逐渐形成了以研究元素总量、化学形态和代谢过程为重点的三个流派(王夔,1996,1998),即元素基础医学派、元素形态分析派和元素组学研究派。20 世纪 90 年代晚期和 21 世纪初发展起来的元素

形态分析,逐渐成为联系分离科学、痕量元素分析、生物化学和环境化学的纽带,在微量元素组学研究中发挥着重要作用。中药微量元素组学研究可以鉴别中药的真伪、产地、品种和生产方式;可对同种或同类中药实现质量和功能的分类;可寻找或筛选疗效相似的药物;可解析中药组方的组成结构和作用,为中药复方配制、新药开发和临床应用提供科学依据;可为生产厂家提供产品质量控制标准和鉴定方法(秦俊法,2014)。

当代医学、化学、环境科学等突飞猛进的发展使得人们日益认识到化学元素对于人体以及环境的生理作用与其存在的形态有密切联系,因此,有关元素形态的研究日益受到重视,形态分析已是当前环境科学、生物化学和生命科学领域内颇为活跃的前沿性课题。对于中药中微量元素作用的研究,不但要考虑种类和含量的高低,更重要的是要研究它们的存在状态。元素的形态,在很大程度上决定着该元素的生理和毒理特征(张洪斌,2010;李熙峰,2011)。

基于此,在两年生人工种植的甘草生长旺盛期(6月)和地上部枯萎期(10月),分别从甘草的 4 个道地产区(宁夏盐池、宁夏灵武、内蒙古鄂托克前旗、内蒙古杭锦旗),采集根部,对其中几种元素水平、形态进行重点测定分析,同时测定甘草酸的含量,重点比较研究不同地区甘草根中微量元素水平及存在形态,在此基础上对微量元素与甘草药材质量及甘草发挥其相应药效之间的关系进行了初步探讨,为进一步深入阐明甘草中微量元素与其药用价值的发挥等相关研究奠定基础。

5.1 甘草根中 8 种元素含量的测定

5.1.1 样品的处理

甘草根部快速用自来水冲洗干净后,再用高纯水冲洗 2~3 次,吸干表面水分,切段,于 105℃杀青 15 min,70℃恒温烘干,粉碎后过 40 目的筛子,将过筛后的粉末收集于塑料瓶中,备用,测定前于 70℃恒温烘 12 h。

5.1.2 标准曲线的绘制

表 5-1　分析条件及回归方程

元 素	波 长(nm)	狭缝(nm)	灯电流(mA)	负高压(V)	回归方程
Ca	422.7	0.4	3	281.50	A=0.0518C+0.0152
Cu	324.7	0.2	3	302.25	A=0.2268C+0.0147
Fe	248.3	0.2	4	406.5	A=0.1047C+0.0077
Mg	285.2	0.4	2	245.75	A=0.9430C+0.0036
Mn	279.48	0.2	4	230	A=0.4036C+0.0104
Zn	213.9	0.4	3	346.25	A=0.7020C+0.0043

1000 μg·mL⁻¹ 各元素标准溶液均用 0.2%硝酸溶液稀释至 50 μg·mL⁻¹ 作为标准工作溶液，测定前分别吸取各标准工作溶液于 50 mL 容量瓶中,定容,配制成标准溶液。在各元素的标准工作条件下测定吸光度,扣除空白值后以吸光度对浓度作图绘制工作曲线(表 5-1)。

5.1.3 B、Mo 元素的测定

B 的测定采用姜黄素比色法,Mo 的测定采用硫氰化钾法。

5.1.4 Cu、Ca、Mg、Zn、Fe、Mn 元素的测定

准确称取 0.5 g 左右(精确到 0.0002 g)过 40 目筛的甘草根样品,置于 50 mL 硬质烧杯中,加入浓硝酸 20 mL、高氯酸 5 mL,加热消解至溶液近干,补加浓硝酸 2 mL 继续消解至溶液无色或浅黄色,冷却后以 1%硝酸溶液溶解并定容至 50 mL,待测。同时做空白。

按仪器工作条件,利用普析原子吸收分光光度计测定各元素的含量,同时做空白实验校正。高含量元素须将样品稀释至线性范围后进行测定。

5.1.5　不同地区甘草根中 8 种元素含量分析

按照上述测定方法,测定了四个地区甘草根中的 8 种元素的含量水平,其结果见表 5-2、5-3:

表 5-2　四个地区甘草根中 8 种元素的含量(6 月)　　单位:mg·kg⁻¹

地 区	Cu	Fe	Mn	Ca	Mg	Zn	Mo	B
灵　武	0.99	469.25	16.50	27779.92	**5039.24**	12.07	**9.28**	17.01
鄂托克前旗	1.35	453.01	17.24	9150.58	4562.04	11.07	8.26	18.64
盐　池	**2.49**	**767.24**	**35.83**	24787.64	4090.14	**18.76**	7.74	**27.78**
杭锦旗	2.23	672.68	27.40	**36370.66**	4466.60	14.49	7.23	27.51

表 5-3　四个地区甘草根中 8 种元素的含量(10 月)　　单位:mg·kg⁻¹

地 区	Cu	Fe	Mn	Ca	Mg	Zn	Mo	B
灵　武	1.01	184.62	4.11	3262.55	1046.66	8.08	5.69	17.28
鄂托克前旗	**4.54**	406.21	**9.32**	1718.15	1131.50	5.23	7.23	15.24
盐　池	3.22	**440.59**	5.85	**4806.95**	**1587.49**	**9.79**	5.69	18.24
杭锦旗	3.66	396.66	6.34	2972.97	1306.47	3.09	**10.82**	**18.78**

按照上述测定方法,测定了四个地区甘草根中的 8 种元素的含量水平,从测定结果看(表 5-2 和表 5-3),每个地区的甘草根中 6 月和 10 月均含有这 8 种元素,其中 Ca、Mg、Fe 的含量都很丰富,Mn、B、Mo、Zn 的含量较少,Cu 的含量极低。但不同产地 8 种元素含量存在明显差异,从整体上看,不管是 6 月份还是 10 月份,其中盐池甘草根中的 Mn、Fe、Zn、B、Ca 明显高于其他三个地区。说明盐池甘草元素含量水平总体较为丰富。8 种元素的含量 6 月份与 10 月份相比,Cu 的含量稍有升高,Fe、Mn、Ca、Mg、Zn、B、Mo 都有不同程度的下降,其中 Mn、Ca 和 Mg 下降的幅度最大。

Mg、Ca 的摄入量与人体血压呈负相关。Ca 能降低血中胆固醇的含量,起到防止心血管疾病的作用。Mg 是众多酶的辅酶,是心肌代谢的重要元素。低 Mg 状态可引起血液高凝和动脉粥样硬化形成,引起脂质代谢紊乱,在临床上适量地补充 Mg 对降低血脂,预防心血管疾病的发生有重要作用。本研究中,四个地区甘草根中 Ca、Mg 含量均较高。但在 10 月份尤以宁夏盐池甘草中 Ca、Mg 的含量为最高,而其他三地区的甘草中这两种元素与 6 月相比有所降低,故而在临床上选择宁夏盐池所产的甘草对于治疗高血压可能具有良好的效果。

Zn、Cu 在人体内有重要作用。高血压患者血清中 Zn、Cu 含量较正常人明显增多。Zn 是血管紧张素转化酶的活化中心,可以通过肾素——血管紧张素系统参与对血压的调节;血清 Cu 可能与肾素系统有关,也参与血压调节。临床检验证实,高血压病人红细胞中 Zn/Cu 值为 15.04±2.50,和正常人相比明显为高,二者差异显著(P<0.05)。由此可知,Zn/Cu 值较低是治疗高血压中药的一个明显特征,这类中药可降低患者红细胞中的 Zn/Cu 值,从而使血压下降。从表 5-4 中可以看出,本实验中,四地区的甘草在采挖时期(10 月)的 Zn/Cu 值都明显低于 Nowen 值(Zn/Cu 值为 11.4),有利于高血压的治疗。

表 5-4　各样品中 Zn/Cu 比值

地　区	灵　武	鄂托克前旗	盐　池	杭锦旗
Zn/Cu 值(6 月)	12.19	8.20	7.53	6.50
Zn/Cu 值(10 月)	7.97	1.15	3.04	0.84

Fe 是人体的必需微量元素,是血红蛋白中氧的携带者,并与许多酶的活性有关。本文所研究的两个甘草酸快速积累时期的甘草中 Fe 含量均明显高于陆生被子植物含 Fe 均值(Bowen 值)140 $\mu g \cdot g^{-1}$,四地区(灵武、鄂托克前旗、盐池及杭锦旗)甘草 6 月份 Fe 含量为 Bowen 值的 3.35、3.24、5.48、4.80 倍,10 月份为 1.32、2.90、3.15、2.83 倍。其中宁夏盐池甘草

根中 Fe 含量最为丰富。

Mn 参与很多酶的合成与激活，影响脂类代谢。缺 Mn 可使血管内血栓形成的危险性增加，还可促使胆固醇在血管壁沉积而导致动脉硬化。Mo 是人体必需的微量元素之一，对生长、发育和遗传起着重要作用。Mo 的缺乏或过多将会导致腹泻、生长停滞、体质下降等症状。本研究中四地区甘草中 Mn 的含量相对较低，其中以宁夏盐池 6 月的甘草根中为最高，达 35.83 mg·kg^{-1}。如果单纯考虑治疗动脉硬化，可能以此时的甘草为药材，可能会取得良好效果，但还需从药理作用研究方面进行验证。Mo 含量在四个地区所产甘草根中均较高，推测如用于治疗因缺乏 Mo 产生的一些病症，甘草可能具有良好的疗效，不过还需进行验证性实验。

四地区甘草中的 Fe、Mn、Ca 、Mg、Zn、B、Mo 从 6 月至 10 月均有不同程度的下降，其中 Mn、Ca 和 Mg 下降的幅度最大，主要可能有以下几个方面的原因：一方面是由于甘草自身物质不断合成时对元素的需要量随月份增高，而 Ca、Mg 又属于常量元素，植物体内许多成分结构的形成、物质的作用等都需要它们的参与；另一方面可能与土壤理化环境的改变导致土壤中元素的流失有关，原因是多方面的，但不很明确，有待进一步探究。

5.2 甘草根中 6 种元素初级形态分析

5.2.1 标准曲线的绘制

方法步骤同 5.1.2 和 5.1.3。

5.2.2 初级形态分析流程图

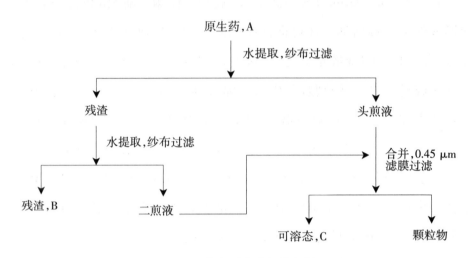

图 5-1 初级形态分析流程图

5.2.3 测定步骤

准确称取经处理后的样品 10.0 g，精密称定，于烧杯中，加水 200 mL 浸泡片刻，煮沸后以文火保持微沸 40 min。稍冷，用 4 层纱布滤拧，再用 20 mL 热的去离子水淋洗 2~3 次。滤渣再加水 200 mL，煮沸后文火保持微沸 40 min，过滤同前操作。合并滤液后浓缩，定容于 50 mL 容量瓶中，得到相当于原药 0.2000 g·mL⁻¹ 的煎液和残渣。

煎液混匀后高速离心，上层清液用 0.45 μm 的微孔滤膜抽滤，所得溶液备用。

残渣烘干后称重，收集于样品袋中，置于干燥器备用。准确称取残渣 0.5 g 左右（精确到 0.0002 g），置于 50 mL 硬质烧杯中，加入 4:1 混合酸，按前面所述方法消化，最后定容为 50mL；准确吸取煎液 2.0 mL，同法消化，定容为 50 mL。

按仪器工作条件，利用原子吸收光谱标准曲线法测定 Cu、Ca、Mg、Zn、Fe、Mn 各元素的含量，同时做空白实验校正。高含量元素须将样品稀释至线性范围后进行测定。

5.2.4 初级形态分析参数

初级形态分析参数的目的在于对初级形态作出定量表征,主要有提取率、浸留比等。形态分析参数导出方式如下:令 Wi、Pi(i=A、B、C)分别表示某级分的总重量及某元素在该级分中的含量,则

提取率为:

$$T(\%)=\frac{W_C \times P_C}{W_A \times P_A} \times 100\%$$

残留率为:

$$L(\%)=\frac{W_B \times P_B}{W_A \times P_A} \times 100\%$$

浸留比为:Q=T/L

上述各参数中以提取率和浸留比最为重要。提取率表示该药的实际服用部分;浸留比则可视为该元素发挥药效的标度。一般而言,一味药或一方剂中,不同元素的浸留比是不同的。浸留比最大的元素,可以认为是该药中作用最大的元素或最特征的元素。

5.2.5 不同地区甘草根中 6 种元素初级形态分析

中药水煎液(汤剂)是传统剂型,水煎液中微量元素才是人体实际服入的量,因此研究中药水煎液中微量元素的存在形态对探讨中药真正的有效成分及药理作用具有重要意义。初级形态分析目的在于探寻中草药的服用剂型中存在哪些元素,主要方法是在测出原药中微量元素种类和含量的基础上,测定按初级形态分析流程制备的试样中各成分的含量。

5.2.5.1 消化液的选择

消化液的选择及消化是元素形态分析的基础和关键。为使所研究的 6 种元素能在同一份制备液中测定, 对相关资料进行分析最终选择了单

一酸硝酸、硫酸、高氯酸和混合酸硫酸+硝酸、硫酸+高氯酸、硝酸+高氯酸进行实验。研究表明，采用硝酸+高氯酸的混合酸体系作消化液比较合适。在此基础上对硝酸+高氯酸混酸体系的体积比(3∶1，4∶1，5∶1)进行了实验，结果表明，5∶1的混酸由于硝酸的挥发过快，高氯酸的量不够，消化不完全;3∶1的混酸中高氯酸的量过多，消化过程较难控制;而选用4∶1的混酸为消化液则比较理想。此外在消化过程中应注意控制温度，使溶液保持微沸状态，既可以使样品消化完全，又能避免温度过高使溶液碳化。因此本实验中采用硝酸—高氯酸(4∶1)混酸体系对甘草根样品进行消化，通过 0.45 μm(混合型)微孔滤膜过滤制备初级形态分析样品，应用火焰原子吸收分光光度法测定能给出比元素总含量测定更多和更有用的 6 种元素初级形态分析参数。

5.2.5.2 甘草根浸出情况

从表 5-5 的结果可知，6 月份不同产地的甘草其总浸出率相差不明显，杭锦旗甘草的最高，总浸出率为 49.59%，其次为盐池甘草。10 月份各产地间总浸出率较 6 月份只有盐池甘草表现为升高，总浸出率为60.94%，明显高于其他三个地区，且这三个地区的总浸出率与 6 月份相比，均有不同程度降低。从总浸出率这一指标来看，盐池甘草无论在 6 月还是在 10 月其总浸出率都维持在较高值。理论上讲，它的药用价值应该是最高的。这也和历史上将盐池所产甘草称为"西草"、将盐池作为西草的故乡相吻合。但随着现代分析技术的发展，仅从浸出液的角度区分这

表 5-5 不同地区甘草根浸出情况

地　区	6 月			10 月		
	原药(g)	药渣(g)	总浸出率(%)	原药(g)	药渣(g)	总浸出率(%)
灵　武	10.00	5.27	47.31	10.00	5.55	44.51
鄂托克前旗	10.00	5.25	47.49	10.00	6.09	39.13
盐　池	10.00	5.21	47.86	10.00	3.91	60.94
杭锦旗	10.00	5.04	49.59	10.00	5.11	48.86

几个地区的人工种植甘草入药价值是有一定局限性的。

5.2.5.3 各个地区不同时期甘草根中元素初级形态分析结果

提取率表示该药的实际服用部分，是其药效或毒性的作用量，所以水煎液中微量元素提取率是制定中药剂量或考察其毒性的重要依据。微量元素在中草药中所处的化学和物理环境不同，存在的形态不同，水的溶解性不同，则其提取率必然有所不同。浸留比则为该元素发挥药效的标度，在一味中药中，不同元素的浸留比不同，浸留比最大的元素，可以认为是该药中作用最大的元素或最特征的元素。

本实验中不同地区的甘草根中的元素的提取率不同，6 月份各地区元素的提取率变化幅度不大，在 25.99%~59.42% 之间，10 月份各地区元素提取率变化较大，在 1.71%~79.57% 之间。这些变化产生的原因可能是因为在植物的生长发育过程中元素形成了不同的化合物，其存在状态有了一定的改变，影响了测定结果。甘草中发挥作用最大的特征元素是 Zn。由表 5-6 和 5-7 可知：

1. 不同地区的甘草根中的元素的提取率不同。4 地区甘草 Mg、Ca、Zn 的含量和提取率都较高。从不同地区角度来看，6 月份盐池甘草 Fe、Mn、Ca、Mg 提取率均高于其他三个地区甘草相应元素的提取率。6 月份各地区元素的提取率变化幅度不大，在 25.99%~59.42% 之间，Fe、Mg 和 Mn 元素以盐池的甘草的提取率最大（分别为 35.61%、40.93% 和 38.41%），而 Zn 和 Ca 元素则以灵武甘草提取率最大（59.42% 和 46.23%），Cu 则以鄂托克前旗甘草提取率最大（56.89%）。10 月份各地区元素提取率变化较大，在 1.71%~79.57% 之间。与 6 月份相比，10 月份最大提取率元素的地区和数值都有所变化，如 Cu、Mg、Zn（34.64%、7.5% 和 73.15%）元素的提取率以杭锦旗居高，Fe、Ca（4.79% 和 79.57%）则以鄂托克前旗居高，Mn（66.20%）以灵武居高。同比 6 月份，提取率上升有 Mn、Zn、Ca，下降的有 Fe、Mg、Cu，其中变化幅度比较大的是 Fe、Mg。这可能与不同地区土壤水分、土壤质地以及矿质元素的含量不同有关,这些环境因子影响了甘草对各种元素的吸收效率,导致微量元素在甘草根中含量的差异,所以我们在选用甘草入药时也要进一步考虑地域的差异所带来的个体差异,另一方面就是跟甘草的生长期有关,但我们最终要考虑的是人工甘草的最佳采收期。

测定结果还显示 Cu 的含量较低($\leqslant 20$ mg·kg^{-1})。过量的 Cu 离子是有毒的,对人体是有害的,过量摄入会伤害肝脏,所以一般来讲 Cu 做为重金属的一种,在药材中含量以低为好。对各地区人工种植甘草的检测结果说明以上这些地区所产甘草质量应是符合中药材生产标准要求的。

2. 药渣还具有重要利用价值。药渣中残留的 Fe、Ca、Mg 及 Zn 4 种元素含量还很高,说明中药煎液中被有效利用的元素还是有限的,而残渣仍然具有较高利用价值。残渣中未能浸出的元素,可能是因为与有机大分子结合或被吸附,因而较难溶出,又或者元素本身就是以难溶的无机盐形式存在,从而影响了测定结果。所以如何提高浸出率从而提高药效成为进一步深入开展研究的一个关键的技术问题。

3. 不同地区甘草中各元素浸留比不同。对于不同地区的甘草,盐池甘草的 Cu 和 Zn 元素的浸留比在 6 月份和 10 月份均为最大,但 10 月份盐池甘草的 Cu 和 Zn 元素的浸留比和 6 月相比,略有下降。同时,盐池甘草根中 Fe、Ca 和 Mg 元素的浸留比也比较高,Fe 元素的浸留比和 6 月相比下降幅度大,而 Ca 元素的浸留比和 6 月相比增幅明显,Mg 的浸留比变化不明显,但盐池甘草不论在 6 月还是 10 月这三种元素的浸留比总体而言与其他三个地区甘草相比还是维持在较高水平。从元素角度来分析,10 月份,杭锦旗甘草的 Cu 和 Mg 元素的浸留比最大,鄂托克前旗的 Fe 和 Mn 元素最大,灵武和盐池的分别以 Ca 和 Zn 元素的最大。6 月和 10 月始终保持最大浸留比的是盐池甘草中的 Zn 元素(175.46% 和

168.19%），说明 Zn 元素随时间变化相对稳定，始终维持着良好的浸出效果。

表 5-6 6 月各个地区甘草根中元素初级形态分析结果

测定元素	样品产地	煎液 C（mg·kg⁻¹）	药渣 B（mg·kg⁻¹）	提取率(T%)	浸留比(%)
Cu	灵 武	0.81	0.73	40.71	88.99
	鄂托克前旗	0.92	1.26	56.89	47.00
	盐 池	1.68	1.61	33.05	123.98
	杭锦旗	1.19	1.70	29.78	87.48
Fe	灵 武	293.14	301.15	35.61	78.09
	鄂托克前旗	360.96	332.66	44.70	69.74
	盐 池	819.32	842.69	56.17	115.88
	杭锦旗	662.86	681.28	39.55	121.74
Mn	灵 武	9.46	10.56	35.49	71.91
	鄂托克前旗	14.72	10.06	35.51	94.07
	盐 池	13.01	26.91	38.41	57.62
	杭锦旗	16.86	18.24	25.99	115.68
Ca	灵 武	791.51	23146.72	46.23	2.74
	鄂托克前旗	381.27	6158.30	40.97	3.98
	盐 池	598.46	20926.64	43.17	2.73
	杭锦旗	67.57	35598.46	38.22	0.30
Mg	灵 武	636.80	2472.96	27.23	20.66
	鄂托克前旗	502.92	2531.28	33.78	12.77
	盐 池	627.52	3273.59	40.93	18.32
	杭锦旗	251.06	3453.87	30.20	11.35
Zn	灵 武	35.88	12.92	59.42	68.80
	鄂托克前旗	16.70	7.93	43.64	91.06
	盐 池	22.11	13.63	37.16	175.46
	杭锦旗	34.14	13.35	35.98	173.19

表 5-7 10 月各个地区甘草根中元素初级形态分析结果

测定元素	样品产地	煎液 C(mg·kg⁻¹)	药渣 B(mg·kg⁻¹)	提取率(T%)	浸留比(%)
Cu	灵 武	0.37	0.13	16.30	53.21
	鄂托克前旗	3.24	1.46	27.91	48.09
	盐 池	1.18	2.78	22.26	66.05
	杭锦旗	2.59	1.46	34.64	76.03

续表

测定元素	样品产地	煎液 C(mg·kg⁻¹)	药渣 B(mg·kg⁻¹)	提取率(T%)	浸留比(%)
Fe	灵 武	11.53	183.67	2.78	5.04
	鄂托克前旗	49.74	266.76	4.79	11.98
	盐 池	12.34	450.14	1.71	4.28
	杭锦旗	27.61	380.42	3.40	6.93
Mn	灵 武	6.12	4.41	66.20	111.31
	鄂托克前旗	12.50	4.41	52.50	182.26
	盐 池	4.98	9.12	51.86	85.19
	杭锦旗	5.57	5.65	42.93	94.28
Ca	灵 武	3907.34	1841.70	53.30	170.17
	鄂托克前旗	3494.21	2779.92	79.57	80.79
	盐 池	1528.96	2042.47	19.38	116.83
	杭锦旗	2976.83	4965.25	48.92	57.28
Mg	灵 武	148.99	781.55	6.34	15.29
	鄂托克前旗	103.92	739.13	3.59	9.04
	盐 池	102.60	808.06	3.94	19.82
	杭锦旗	200.69	845.17	7.50	22.68
Zn	灵 武	9.48	5.65	52.26	134.64
	鄂托克前旗	7.62	3.65	57.06	134.28
	盐 池	9.64	8.95	60.06	168.19
	杭锦旗	4.63	8.08	73.15	54.75

5.2.5.4 各元素的平均浸留比

从各个元素的平均浸留比来看(表 5-8 和表 5-9),无论是 6 月还是 10 月平均浸留比最大的均是 Zn(127.13%和 122.96),说明 Zn 则可以被看做是被测甘草植株体内微量元素中发挥作用最大的元素或者最特征的元素。这与上面的 Zn 具有最高浸留比的结论是一致的。

表 5-8　6 月各个元素的浸留比平均值

	Cu	Fe	Mn	Ca	Mg	Zn
平均浸留比(%)	86.86	96.36	84.82	2.44	15.77	127.13

表 5-9　10 月各个元素的浸留比平均值

	Cu	Fe	Mn	Ca	Mg	Zn
平均浸留比(%)	60.85	7.06	118.26	106.27	16.71	122.96

本研究的初级形态分析流程揭示了甘草中微量元素的实际存在状态,为甘草的临床应用提供了比较充分的信息,同时也为我们正在进行的进一步探讨甘草中微量元素的具体存在形态即次级形态分析,进而研究其药理作用机制打下了基础。

5.3 甘草根中6种元素次级形态分析

5.3.1 样品液的制备

准确称取经处理后的样品 10.0 g,精密称定,于烧杯中,加水 200 mL 浸泡片刻,煮沸后以文火保持微沸 40 min。稍冷,用 4 层纱布滤拧,再用 20 mL 热的去离子水淋洗 2~3 次。滤渣再加水 200 mL,煮沸后文火保持微沸 40 min,过滤同前操作。合并滤液后浓缩,定容于 50mL 容量瓶中,得到相当于原药 0.2000 g·mL⁻¹ 的煎液和残渣。

5.3.2 树脂的前处理

5.3.2.1 阳离子交换树脂的处理

依次用铬酸、醇、NaOH、HCl 浸泡,以除去树脂中的杂质,最后用去离子水冲洗至中性后,将树脂浸泡于去离子水中备用。

5.3.2.2 吸附树脂的处理

将 Amberlite XAD-2 型大孔吸附树脂用 2 倍左右体积的无水乙醇浸泡 2 h,不时搅动使树脂充分溶胀。依次用醇、碱、酸、醇浸泡,最后用去离子水冲洗至中性。

5.3.2.3 螯合树脂的处理

粒径为 0.03~0.07 mm,Na⁺型(Sigma 公司)。用浓度 6 mol·L⁻¹ 的 HCl 浸泡 48 h 以除去杂质,并使树脂溶胀,此时树脂为 H⁺型。用 NaOH 洗涤,将树脂转为 Na⁺型,最后用去离子水冲洗至中性后,将树脂浸泡于去离子水中备用。

5.3.3 次级形态分析流程

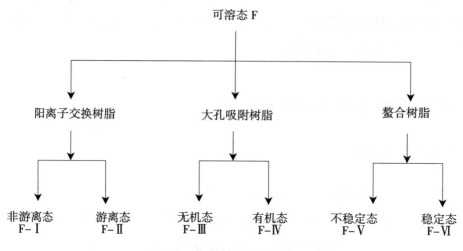

图5-2 次级形态分析流程图

5.3.4 测定步骤

5.3.4.1 可溶态的测定

准确取 2 mL 可溶态溶液,按前面方法进行消化和测定。

5.3.4.2 游离态与非游离态的分离和测定

准确取 2 mL 可溶态溶液,调节其 pH 为 5.5 后,过阳离子交换树脂,用去离子水(10 mL×3)洗涤树脂,收集流出液和洗涤液并将其合并,加热浓缩至约 1 mL,按前面方法进行消化和测定,得到各元素的非游离态含量。用 2 mol·L^{-1} 的 HCl(10 mL×5)洗脱树脂,收集洗脱液,加热浓缩至 1 mL,进行消化和测定,得到各元素的游离态含量。

5.3.4.3 有机态与无机态的分离和测定

准确取 2 mL 可溶态溶液,调节其 pH 为 4.0 后,过 Amberlite XAD-2 型大孔吸附树脂,用 1%HNO$_3$(10 mL×8)洗涤树脂,收集流出液和洗涤液并将其合并,加热浓缩至约 1mL,按前面方法进行消化和测定,得到各元素的无机态含量。用无水乙醇(10 mL×3)洗脱树脂,收集洗脱液,加热浓缩至 1 mL,进行消化和测定,得到各元素的有机态含量。

5.3.4.4 稳定态与不稳定态的分离和测定

准确取 2 mL 可溶态溶液,调节其 pH 为 6.0 后,过 Chelex-100 螯合树脂,用去离子水(10 mL×3)洗涤树脂,收集流出液和洗涤液并将其合并,加热浓缩至约 1 mL,按前面方法进行消化和测定,得到各元素的稳定态含量。用 5 mol·L⁻¹ 的 HCl(10 mL×5)洗脱树脂,收集洗脱液,加热浓缩至 1 mL,进行消化和测定,得到各元素的不稳定态含量

次级形态分布的导出方式如下:令 W_i 、P_i(i=F、F-Ⅰ···)分别表示某级分的总重量及某元素在该级分中的含量。

$$[F] = W_F \cdot P_F / W_A \cdot P_A$$

$$[F-I] = W_{F-I} \cdot P_{F-I} / W_F \cdot P_F$$

$[F-I]$~$[F-VI]$ 的规定与$[F-I]$相同,均表示成百分数。

5.3.5 不同地区甘草根中 6 种元素次级形态分析

次级形态分析的目的是在初级形态分析已确定有关元素种类及提取情况的基础上,进一步探讨它们在可溶态中发挥作用的形式。

5.3.5.1 树脂的选择

用精密酸度计测得可溶态的 pH 为 4.8。各树脂条件的选择是次级形态分析的关键。参阅有关文献并经实验验证后,确定各树脂条件如下:①强酸性阳离子交换树脂:实验酸度环境选用 pH 为 5.5;洗脱液为 2 mol·L⁻¹ 的盐酸;洗脱液用量为 10 mL×5。②Amberlite XAD-2 型大孔吸附树脂:实验酸度环境选用 pH 为 4.0;洗涤液为 1%的硝酸(10 mL×8);洗脱液为无水乙醇;洗脱液用量为 10 mL×3。③Chelex-100 螯合树脂:实验酸度环境选用 pH 为 6.0;洗脱液为 5 mol·L⁻¹ 的盐酸;洗脱液用量为 10 mL×5。

分离是形态分析的前处理步骤,分离可使体系简化而易于测定。离子交换是常用的分离手段,其优点在于操作简便、污染少、样品破坏小。采用阳离子交换树脂可以富集溶液中的"自由"金属离子,而非游离态的

离子直接流过树脂不被吸附。分别测定树脂内和流出液的金属元素含量,可得到元素的游离态和非游离态的含量。

Amberlite XAD-2 型大孔吸附树脂能定量吸附芳香环结构的有机物,对脂肪结构的吸附能力较低,无机物和离子则不被吸附。Florence 认为在高 pH(pH>4.5)下,离子态的金属会被树脂强烈吸附,因此在过柱前应将样品调至 pH<4。经实验验证,选用酸度为 pH4.0。

XAD-2 型大孔吸附树脂的表面是疏水性的聚苯乙烯,有机物被吸附在颗粒的表面(包括有机物分子可以进入的颗粒间隙),因而两者之间的相互作用就有几种不同类型的作用力,主要有亲脂键、偶极离子相互作用以及氢键吸附。实验证明,很多有机溶剂的解吸效果都不错,考虑到环境污染因素,选用无水乙醇为洗脱剂。

本实验使用的是 Na^+ 型树脂。螯合树脂的活性基团明显受 pH 的影响。一般来说,树脂对金属离子的交换能力随溶液 pH 上升而增大,但不宜大于 11,否则会水解产生沉淀。实验选择 pH 为 6.0。Chelex-100 螯合树脂的孔径大约为 1.5 mm,胶体颗粒的直径比树脂孔径大,所以溶液流经树脂时,胶体状态的金属元素就不会被吸附,这样通过螯合树脂就可以把胶体颗粒及不易离解的金属离子络合物与离子态及易离解的络合物分离开。

5.3.5.2 不同地区甘草根中 6 种元素次级形态分析

甘草是我国的传统中药材,味甘性平,具补中益气、泻火解毒、润肺祛痰、缓和药性、缓急定痛的功效。主要成分为甘草酸、甘草次酸、黄酮类物质。但是对于甘草中微量元素的研究还较少,尤其是形态分析方面的研究。在初级形态研究的基础上,对四个地区的甘草进行了次级形态的研究,将可溶态中的元素分为游离态和非游离态、无机态和有机态、稳定态和不稳定态,测定其元素含量,并对结果进行次级分析,以期为更好地开发利用甘草资源提供理论依据。

为进一步探讨各元素在可溶态中发挥作用的形式,在初级形态分析

的基础上,按图 5-2 次级形态分析流程制备各试样,测定其中各元素的含量,扣除相应空白后,结果见表 5-10:

表 5-10　6 月各个地区甘草根中元素次级形态分析测定结果　　（单位:mg·kg⁻¹）

	Cu	Fe	Mn	Ca	Mg	Zn
灵武可溶态,F	0.81	293.14	9.46	791.51	636.80	35.88
灵武非游离,F-Ⅰ	0.11	65.44	1.22	216.35	422.36	5.43
灵武游离,F-Ⅱ	0.73	236.78	8.36	576.46	222.55	30.69
灵武无机态,F-Ⅲ	0.79	135.36	7.89	433.67	396.78	21.98
灵武有机态,F-Ⅳ	0.08	159.23	1.45	283.09	199.23	16.28
灵武不稳定,F-Ⅴ	0.80	116.57	7.23	359.47	514.12	3.42
灵武稳定,F-Ⅵ	0.05	183.26	2.19	346.84	113.54	32.94
鄂托克前旗可溶态,F	0.92	360.96	14.72	381.27	502.92	16.70
鄂托克前旗非游离,F-Ⅰ	0.07	81.36	1.23	31.37	69.34	2.36
鄂托克前旗游离,F-Ⅱ	0.88	293.89	13.69	379.25	428.68	13.55
鄂托克前旗无机态,F-Ⅲ	0.81	181.44	11.12	293.56	388.31	12.78
鄂托克前旗有机态,F-Ⅳ	0.07	176.85	3.60	97.21	115.94	4.33
鄂托克前旗不稳定,F-Ⅴ	0.85	259.36	12.01	45.96	168.44	11.87
鄂托克前旗稳定,F-Ⅵ	0.15	108.47	2.69	346.78	336.07	4.91
盐池可溶态,F	1.68	819.32	13.01	598.46	627.52	22.11
盐池非游离,F-Ⅰ	0.05	256.42	3.41	85.26	78.14	3.45
盐池游离,F-Ⅱ	1.49	554.90	9.68	509.58	541.22	17.68
盐池无机态,F-Ⅲ	1.51	564.69	11.64	498.89	125.24	20.50
盐池有机态,F-Ⅳ	0.13	245.32	1.39	100.90	508.35	1.99
盐池不稳定,F-Ⅴ	1.55	759.42	12.34	203.00	318.52	18.11
盐池稳定,F-Ⅵ	0.26	48.33	0.66	389.36	306.44	3.77
杭锦旗可溶态,F	1.19	662.86	16.86	67.57	251.06	34.14
杭锦旗非游离,F-Ⅰ	0.11	54.66	2.55	9.84	56.06	14.47
杭锦旗游离,F-Ⅱ	1.08	614.25	14.68	57.45	197.29	23.21
杭锦旗无机态,F-Ⅲ	1.09	199.10	9.63	22.74	111.82	29.65
杭锦旗有机态,F-Ⅳ	0.09	468.27	7.23	44.51	144.59	4.32
杭锦旗不稳定,F-Ⅴ	1.09	536.45	14.73	59.83	42.97	29.77
杭锦旗稳定,F-Ⅵ	0.06	122.36	2.35	7.72	202.35	11.55

表 5-11　10 月各个地区甘草根中元素次级形态分析测定结果 （单位：mg·kg⁻¹）

	Cu	Fe	Mn	Ca	Mg	Zn
灵武可溶态,F	0.37	11.53	6.12	3907.34	148.99	9.48
灵武非游离,F-Ⅰ	0.12	0.53	0.42	470.15	68.99	5.32
灵武游离,F-Ⅱ	0.25	11.05	5.71	3425.46	80.11	4.18
灵武无机态,F-Ⅲ	0.09	6.79	0.04	71.07	26.75	3.11
灵武有机态,F-Ⅳ	0.28	4.76	6.08	3856.63	121.98	6.38
灵武不稳定,F-Ⅴ	0.29	11.25	4.81	3730.45	137.46	1.03
灵武稳定,F-Ⅵ	0.08	0.38	1.28	176.89	11.52	8.52
鄂托克前旗可溶态,F	3.24	49.74	12.50	3494.21	103.92	7.62
鄂托克前旗非游离,F-Ⅰ	0.44	9.64	1.31	98.46	6.52	2.52
鄂托克前旗游离,F-Ⅱ	2.86	40.10	11.42	3395.67	95.98	5.03
鄂托克前旗无机态,F-Ⅲ	2.05	26.32	8.27	3317.78	94.51	3.33
鄂托克前旗有机态,F-Ⅳ	1.48	23.42	4.33	176.38	17.17	4.28
鄂托克前旗不稳定,F-Ⅴ	2.05	5.72	9.63	3395.48	97.55	1.86
鄂托克前旗稳定,F-Ⅵ	1.48	44.12	3.08	98.63	6.12	5.77
盐池可溶态,F	1.18	12.34	4.98	1528.96	102.60	9.64
盐池非游离,F-Ⅰ	0.14	5.90	0.58	28.63	17.52	4.08
盐池游离,F-Ⅱ	0.93	6.54	4.44	1500.42	84.96	5.58
盐池无机态,F-Ⅲ	0.98	3.76	3.19	1470.28	88.13	5.32
盐池有机态,F-Ⅳ	0.14	8.66	1.83	58.86	14.39	4.29
盐池不稳定,F-Ⅴ	0.35	6.23	0.20	71.67	6.87	3.33
盐池稳定,F-Ⅵ	0.73	6.08	4.52	1457.22	95.77	6.25
杭锦旗可溶态,F	2.59	27.61	5.57	2976.83	200.69	4.63
杭锦旗非游离,F-Ⅰ	0.94	4.69	1.52	26.44	13.11	2.63
杭锦旗游离,F-Ⅱ	1.69	22.98	3.74	2950.22	187.09	2.01
杭锦旗无机态,F-Ⅲ	1.41	9.14	3.38	2854.36	107.25	2.33
杭锦旗有机态,F-Ⅳ	1.19	18.36	2.23	122.34	99.78	2.34
杭锦旗不稳定,F-Ⅴ	1.64	6.38	4.35	2925.65	188.25	2.78
杭锦旗稳定,F-Ⅵ	1.19	20.44	1.17	51.38	11.77	2.01

表5-12　6月次级形态分布　　　　　　　　（单位:%）

	Cu	Fe	Mn	Ca	Mg	Zn
灵武可溶态,F	40.71	35.61	35.49	46.23	27.23	59.42
灵武非游离,F-Ⅰ	13.61	22.32	12.89	27.33	66.33	15.13
灵武游离,F-Ⅱ	90.29	80.77	88.35	72.83	34.95	85.53
灵武无机态,F-Ⅲ	97.71	46.18	83.38	54.79	62.31	61.26
灵武有机态,F-Ⅳ	9.90	54.32	15.32	35.77	31.29	45.37
灵武不稳定,F-Ⅴ	98.95	39.77	76.41	45.42	80.74	9.53
灵武稳定,F-Ⅵ	6.18	62.52	23.14	43.82	17.83	91.80
鄂托克前旗可溶态,F	56.89	44.70	35.51	40.97	33.78	43.64
鄂托克前旗非游离,F-Ⅰ	8.12	22.54	8.35	8.23	13.79	14.13
鄂托克前旗游离,F-Ⅱ	95.67	81.42	92.99	99.47	85.24	81.13
鄂托克前旗无机态,F-Ⅲ	88.06	50.27	75.53	76.99	77.21	76.52
鄂托克前旗有机态,F-Ⅳ	7.61	48.99	24.45	25.50	23.05	25.93
鄂托克前旗不稳定,F-Ⅴ	92.41	71.85	81.58	12.05	33.49	71.07
鄂托克前旗稳定,F-Ⅵ	16.31	30.05	18.27	90.95	66.82	29.40
盐池可溶态,F	33.05	56.17	38.41	43.17	40.93	37.16
盐池非游离,F-Ⅰ	2.86	31.30	26.22	14.25	12.45	15.60
盐池游离,F-Ⅱ	89.21	67.73	74.42	85.15	86.25	79.95
盐池无机态,F-Ⅲ	90.12	68.92	89.48	83.36	19.96	92.70
盐池有机态,F-Ⅳ	7.76	29.94	10.69	16.86	81.01	9.00
盐池不稳定,F-Ⅴ	92.51	92.69	94.87	33.92	50.76	81.89
盐池稳定,F-Ⅵ	15.52	5.90	5.07	65.06	48.83	17.05
杭锦旗可溶态,F	29.78	39.55	25.99	38.22	30.20	35.98
杭锦旗非游离,F-Ⅰ	9.26	8.25	15.12	14.56	22.33	42.37
杭锦旗游离,F-Ⅱ	90.93	92.67	87.07	85.03	78.58	67.98
杭锦旗无机态,F-Ⅲ	91.77	30.04	57.12	33.66	44.54	86.84
杭锦旗有机态,F-Ⅳ	7.58	70.64	42.88	65.87	57.59	12.65
杭锦旗不稳定,F-Ⅴ	91.77	80.93	87.37	88.55	17.12	87.19
杭锦旗稳定,F-Ⅵ	5.05	18.46	13.94	11.43	80.60	33.83

表 5-13　10 月次级形态分布　　　　　　（单位：%）

	Cu	Fe	Mn	Ca	Mg	Zn
灵武可溶态，F	16.30	2.78	66.20	53.30	6.34	52.26
灵武非游离，F-Ⅰ	32.30	4.60	6.87	12.03	46.30	56.10
灵武游离，F-Ⅱ	67.30	95.80	93.33	87.67	53.77	44.08
灵武无机态，F-Ⅲ	24.23	58.87	0.60	1.82	17.95	32.79
灵武有机态，F-Ⅳ	75.37	41.27	99.38	98.70	81.87	67.28
灵武不稳定，F-Ⅴ	78.07	97.54	78.62	95.47	92.26	10.86
灵武稳定，F-Ⅵ	21.54	3.29	20.92	4.53	7.73	89.84
鄂托克前旗可溶态，F	27.91	4.79	52.50	79.57	3.59	57.06
鄂托克前旗非游离，F-Ⅰ	13.58	19.38	10.48	2.82	6.27	33.05
鄂托克前旗游离，F-Ⅱ	88.27	80.62	91.36	97.18	92.36	65.97
鄂托克前旗无机态，F-Ⅲ	63.17	52.92	66.16	94.95	90.94	43.67
鄂托克前旗有机态，F-Ⅳ	45.78	47.08	34.64	5.05	16.52	56.13
鄂托克前旗不稳定，F-Ⅴ	63.17	11.50	77.04	97.17	93.87	24.39
鄂托克前旗稳定，F-Ⅵ	45.78	88.71	24.64	2.82	5.89	75.68
盐池可溶态，F	22.26	1.71	51.86	19.38	3.94	60.06
盐池非游离，F-Ⅰ	11.91	47.81	11.66	1.87	17.08	42.31
盐池游离，F-Ⅱ	79.11	52.99	89.23	98.13	82.81	57.86
盐池无机态，F-Ⅲ	83.36	30.47	64.11	96.16	85.90	55.17
盐池有机态，F-Ⅳ	11.91	70.17	36.78	3.85	14.03	44.49
盐池不稳定，F-Ⅴ	29.77	50.48	4.04	4.69	6.70	34.53
盐池稳定，F-Ⅵ	62.10	49.27	90.85	95.31	93.34	64.81
杭锦旗可溶态，F	34.64	3.40	42.93	48.92	7.50	73.15
杭锦旗非游离，F-Ⅰ	36.23	16.99	27.25	0.89	6.53	56.82
杭锦旗游离，F-Ⅱ	65.14	83.22	67.06	99.11	93.22	43.43
杭锦旗无机态，F-Ⅲ	54.48	33.10	60.65	95.89	53.44	50.34
杭锦旗有机态，F-Ⅳ	45.78	66.49	40.01	4.11	49.72	50.56
杭锦旗不稳定，F-Ⅴ	63.17	23.11	78.05	98.28	93.80	60.06
杭锦旗稳定，F-Ⅵ	45.78	74.02	20.99	1.73	5.86	43.43

实验结果表明：

1. 甘草中的 Fe、Mg、Cu、Zn、Ca、Mn 是多种形态共存的体系。四个地区上述 6 种元素在两个时期均主要以 "游离态——无机态——不稳定态" 存在。但两个时期的元素存在的形态比例有一定的变化，其中 6 月份

Cu、Fe、Mn、Ca、Mg、Zn 均以游离态——无机态存在，而到了 10 月份，甘草中 Zn、Mg、Cu 的非游离态的含量相对于 6 月份都有较大幅度的增加（Zn：15.13%→56.10%、Cu：13.61%→32.30%），Mg、Fe、Mn、Ca 元素的非游离态含量则有少量的降低（Mg：66.33%→46.30 %、Fe：22.32%→4.60%、Mn：12.89%→6.87 %、Ca：27.33%→12.03%）。

2. 不同地区甘草中元素的存在形态又有一定的不同。灵武 6 月份甘草的 6 种元素主要以"游离态——无机态——不稳定态"三种混合形态存在，10 月份灵武甘草 6 种元素主要以 "游离态——有机态——不稳定态"三种混合形态存在，有机态含量相比 6 月份有明显增加。中药中除氨基酸外，还存在许多有机配位体，可与金属离子形成多种络合物，金属离子有可能与之形成络合物，增加了其有机态的含量。

鄂托克前旗和杭锦旗两个时期的甘草中元素主要以"游离态——无机态——不稳定态"三种混合形态存在。

盐池 6 月份甘草六种元素主要以 "游离态——无机态——不稳定态"三种混合形态存在。10 月份甘草六种元素则主要以"游离态——无机态——稳定态"三种混合形态存在，稳定态含量相比 6 月份有明显增加。除了 Fe 元素有机态和无机态各占一半，其他五种元素大部分以有机态存在，分别为：Mg（93.34%）、Cu（62.10%）、Zn（64.81%）、Ca（95.31%）、Mn（90.85%）。

中草药中微量元素的存在形态是非常复杂的，它的疗效功能作用不能用某一形态去定论，需要全面、深入探讨其存在形态与其他复杂成分的协同作用。

5.4 不同地区甘草根中甘草酸含量比较及其与元素水平、存在形态的关系

5.4.1 不同地区不同时期甘草根中甘草酸含量

表5-14　6月和10月四地区甘草中甘草酸的含量

地区	甘草酸含量%（6月）	甘草酸含量%（10月）
灵武	1.37	1.54
盐池	1.88	2.11
鄂托克前旗	1.24	1.84
杭锦旗	1.50	1.61

由表5-14可以看出，四地区甘草中甘草酸的含量10月份均高于6月份，这与前面第四章中的实验结果一致，即甘草酸在甘草根中的积累随月份逐渐升高。对于四地区来说，6月和10月甘草酸含量最高的均为盐池。结合本章关于四地区甘草中微量元素的水平及初级形态分析结果（盐池甘草微量元素含量为四地区中最丰富，同时盐池甘草元素的提取率及浸留比相对较高），说明甘草酸含量的高低不仅与甘草中微量元素的含量水平高低有关，而且与提取率、浸留比这两个初级形态参数大小之间具有一定的正相关关系。

5.4.2 不同地区甘草根中甘草酸含量与元素水平、存在形态的关系

四地区元素的含量除了Cu元素10月份比6月份高，其他五种元素（Ca、Mg、Zn、Fe、Mn）均有不同程度的下降，这说明Cu元素的积累可能对甘草酸的形成和积累具有一定的促进作用。因为Cu元素有0价、+1和+2价，但Cu元素究竟怎样作用于甘草酸的积累，还需进一步从其高级形态角度来分析。初级和次级形态分析不能确定元素在残渣或水介质中的具体存在形式，通过高级形态研究，可以针对具体样品和特定元素研究其

分子水平类型。

进一步对 6 种元素的存在状态和甘草酸含量间的关系进行分析得知,以四地区中甘草酸含量最高的盐池甘草来看,其根中 Cu 元素的稳定态,Fe 元素的有机态、稳定态,Mn 元素的有机态、稳定态,Ca 元素的稳定态,Mg 元素的无机态、稳定态,Zn 元素的游离态、有机态、稳定态在可溶态中所占的比例从 6 月到 10 月均增加了,说明在甘草酸从 6 月份和 10 月份快速积累的过程中,甘草中这 6 种元素的存在形态也在发生着相应的改变。总体来讲,各元素表现出一种从“不稳定态向稳定态的转变,无机态向有机态的转变”。甘草酸作为一种重要的次生代谢组分,其合成起源于初生代谢的乙酰辅酶 A,因此,在其形成和积累过程中,初生代谢过程会对其产生一定程度的影响,而这里所研究的这 6 种元素无一不是植物必需矿质元素,它们在植物生命活动过程中扮演着重要的生理作用,它们这种形态的转变可能参与了甘草酸生物合成过程中酶活性的调节,也可能参与了一些初生代谢组分如糖、氨基酸等复合物的形成,进而作用于甘草酸的生物合成。

5.5 结论

B、Mo、Cu、Ca、Mg、Zn、Fe、Mn 这 8 种元素都是植物生长必需的矿质元素,也是人体不可缺少的矿质元素,过多或者缺乏都会引起人体生理机能的失调紊乱,生长发育出现异常甚至导致疾病的发生,严重则危害生命。

1. 本研究中四个地区甘草中均含有这 8 种元素,且含量较为丰富,其中宁夏盐池甘草的微量元素含量最为丰富。宁夏盐池甘草根中甘草酸含量也为四地区中最高。

2. 研究结果表明,采用硝酸—高氯酸(4:1)混酸体系对甘草根样品进行消化,0.45μm(混合型)微孔滤膜过滤制备初级形态分析样品,火焰原子吸收分光光度测定能给出比元素总含量测定更多和更有用的信息。其中,6月份不同产地的甘草其总浸出率相差不明显,最高值为49.59%(杭锦旗),而10月比较明显,最高值为60.94%(盐池)。不同地区的甘草根中的元素的提取率不同,6月份各地区元素的提取率变化幅度不大,在25.99%~59.42%之间;10月份各地区元素提取率变化较大,在1.71%~79.57%之间。甘草中发挥作用最大的特征元素是Zn。

3. 四个地区甘草中6种元素的形态分布总体呈现为"游离态-无机态-非稳定态"的主要存在状态。但是,各元素各地区情况有所不同。灵武甘草中Cu、Ca、Mg和Mn元素的有机态大于无机态,盐池的稳定态大于非稳定态,变化规律一致;Fe元素盐池和杭锦旗的有机态大于无机态,鄂托克前旗和杭锦旗的稳定态大于非稳定态;Zn元素变化较多,灵武和杭锦旗的非游离态大于游离态,灵武和鄂托克前旗的有机态大于无机态,灵武、鄂托克前旗和盐池的稳定态大于非稳定态。这种现象产生的明确原因机理还不清楚,不过各个元素之间并不是互相独立的,而是互相协同作用的,不能只通过一种元素或一方面的原因去定论。

4. 甘草根中元素的存在形态由不稳定态占主导转变为稳定态占主导,无机态转变为有机态与无机态平均分布可能有利于甘草酸生物合成和积累。

参考文献

[1]李增禧,潘伟健,谭永基,等. 中药微量元素数据(1)[J]. 广东微量元素科学,2013,20(2):55-70.

[2]秦俊法. 微量元素改变中国的科学面貌 ——为中国微量元素科学研究会成立三十周年而作[J]. 广东微量元素科学,2014,21(9):32-52.

[3]王夔. 生命科学中的微量元素[M]. 北京:中国计量出版社,1996:初版序.

[4]王夔. 生命科学中的微量元素分析与数据手册 [M]. 北京:中国计量出版

社,1998:14-18.

[5] 张洪斌,陈忠荫,林伟,等.磨盘草微量元素的初级形态分析[J].时珍国医国药,2010,21(5):1068-1070.

[6] 李熙峰,张敬东,李承范,等.红景天中微量元素次级形态的分析[J].药物分析杂志,2011,31(6):1146-1149.

[7] 周天泽.无机微量元素形态分析方法学简介[J].分析实验室,1991,10(3):44-50.

[8] 周天泽.中草药微量元素形态分析的几个问题[J].中草药,1990,21(10):37-42.

[9] Grankina,V. P. Savchenko,T. I. Chankina,et al. Trace element composition of Ural licorice *Glycyrrhiza uralensis* Fisch. (Fabaceae Family) [J]. Contemporary Problems of Ecology,2009,2(4):396-399.

6 甘草根系分泌物的鉴定

截止到目前已有研究报道,中药材中 70%左右的根茎类入药的栽培药材的化感自毒、化感他毒作用和连作障碍现象相当突出。我国学者将植物连作障碍机理概括为植物的化感自毒作用、土传病虫害加剧和土壤理化性质劣化三个方面(张重义,2009;邱立友,2010;孙跃春,2011)。

植物化感自毒作用指造成作物产量降低、生长状况变差、品质变差、病虫害频发的现象(蒋国斌,2007)。近年来研究结果认为植物根系分泌物是植物化感自毒作用产生的主要原因之一(王建花,2013)。根系分泌物介导的间接的生态效应从根本上影响或改变了"植物—土壤—微生物"组成的植物微生态系统,土壤微生物区系功能紊乱是导致植物连作障碍的主要因素。我国许多科研学者在贝母(廖海兵,2011)、地黄(李振方,2011)、怀牛膝(郝慧荣,2008)、当归(朱慧,2009)、三七(张子龙,2010)、人参(简在友,2008)、丹参(张辰露,2005)、伊贝母(王英,2009)等一些中药材的研究中发现,这些药用植物根系分泌物对其药材品质及种植地土壤性质均存在显著的影响。这些药材根系向根际中分泌大量的具有生物活性的大分子和小分子次生代谢产物,这些物质调节着根系周围的土壤微生物种群与数量(这些根际微生物可大大促进根系分泌物的释放,它可以通过改变根际营养状况、植物体内激素含量来改变植物体内生理生化过程)、植物与微生物之间的共生和防御相互作用,改变土壤的物理与化学性质,并影响相邻植物的生长(Bais H P,2004)。因此这些中药材自身根系分泌物化感自毒作用是引发该药材连作障碍的主导因素。

那么，甘草自身根系分泌物会对其自身药材质量产生怎样的影响？开展甘草根系分泌物的收集，并对其成分进行鉴定分析，研究其中各成分对甘草酸生物合成的影响，可以为人工种植甘草质量调控提供参考。

6.1 甘草根系分泌物的收集

根据已有文献记载，根系分泌物收集方法分为溶液培养收集、基质（蛭石、石英砂、玻璃珠、琼脂）培养收集和土培收集三种（李汛，2013；涂书新，2010）。具体实验研究中，我们选择了基质培养收集、营养液培养收集两种收集方法，辅助于人工种植甘草根际土壤采样来进行甘草根系分泌物相关研究。

6.1.1 基质培养原位收集

石英砂经 10%盐酸浸泡 1 周后，用自来水冲洗，再用去离子水冲洗至 pH 中性，105℃烘干备用。将人工种植一年生甘草幼苗移栽于装有石英砂的玻璃培养缸中（自行设计，由安徽天长市华玻实验仪器厂制作），等间距移栽 20 株，20℃~30℃室内人工补光装置条件下培养，每天光照/黑暗时间为 14 h/10 h，室内相对湿度为 40%，每天浇灌自来水 1000 mL，打开培养缸下部旋钮，待自来水呈一滴状时，关闭该旋钮。收集装置下端先不接层析柱，开放培养。至所移栽甘草苗缓苗阶段完成，生长正常时进行甘草根系分泌物的原位收集。

甘草根系分泌物的原位循环灌溉收集：将上述玻璃培养缸装置下端接上一根配套的层析柱，层析柱中预先填充好经预处理好的 XAD-4 树脂，调节蠕动泵相应流速开关，设置合适的 Hoagland 完全营养液流动速度，开始收集甘草根系分泌物。循环收集 5 d 后，取下玻璃缸下端层析柱，甲醇洗脱该层析柱中 XAD-4 树脂所吸附的根系分泌物，收集该洗脱液作为甘草根系分泌物待测液 I。同时,将完全营养液收集缸中溶液冷冻干燥,得甘草幼苗根系分泌物待测液 II。

6.1.2 营养液培养收集

甘草种子常规处理,种子萌发后,待其胚根长度达 1 cm 时选择长势基本一致的甘草幼苗,移至已消毒的泡沫板上,每板 80 株,将各板放于盛有 4 L Hoagland 完全营养液的塑料小红桶中,培养条件:室内光照培养,每天光照/黑暗时间为 14 h/10 h,光照时培养温度为(28 ± 2)℃,黑暗温度为(20 ± 2)℃,室内湿度为 40%,每桶每天定时通气 2 h。培养 30 d 后,选取其中长势基本一致的甘草幼苗,将其培养所在的塑料小红桶中的完全营养液与一层析柱(内装已处理好的 XAD-4 树脂)形成闭合回路,循环收集 5 d 后,甲醇洗脱该层析柱,收集洗脱液为甘草幼苗根系分泌物待测液 I。同时,将完全营养液收集缸中溶液冷冻干燥,得甘草幼苗根系分泌物待测液 II。

6.1.3 甘草根际土采集

根据 Fujii 等介绍的方法,采集甘草根际土,以邻近未种植甘草的田块土样作为对照。

6.2 甘草根系分泌物的检测

6.2.1 甘草根系分泌物中有机酸的 HPLC 分析

6.2.1.1 色谱条件

色谱柱:Agilent TC-C18(15 cm×4.5 mm×5 μm)

流 速:1 mL·min^{-1} 　　　检测波长:215 nm

柱 温:25℃ 　　　柱 压:107 bar

流动相:KH_2PO_4:甲醇=98:2(V/V,pH=2.66),过 0.45 μm 水相滤膜。

进样量:20 μL

采用面积归一化法计算含量,每个样品三次重复。

6.2.1.2 有机酸标准品溶液的制备

准确称量苹果酸、柠檬酸、酒石酸、草酸、丙二酸、丁二酸标准品各 0.01 g,精密称定,然后准确称量反丁烯二酸标准品 0.005 g,精密称定,流动相溶液定容于 25 mL 茶色容量瓶。其中反丁烯二酸标品溶液稀释 40 倍,草酸标品溶液稀释 4 倍。准确吸取乳酸和冰乙酸标准品各 10 μL,流动相定容于 25 mL 茶色容量瓶。上述所有有机酸标准品溶液在进样前均经 0.45 μm 针孔过滤器过滤,再分别取 1 mL 于液相瓶中,进样。

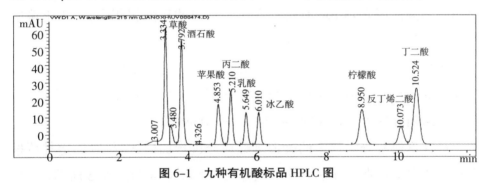

图 6-1　九种有机酸标品 HPLC 图

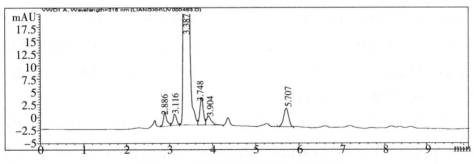

图 6-2　甘草幼苗根系分泌物 HPLC 图

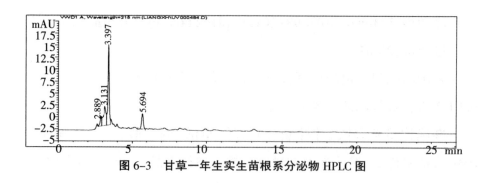

图 6-3　甘草一年生实生苗根系分泌物 HPLC 图

6.2.1.3 检测用样品溶液的制备

将甘草幼苗根系分泌物待测液浓缩后，过 0.45 μm 针孔过滤器，保存于液相瓶中，作为甘草幼苗根系分泌物样品液。将土壤中甘草根系分泌物浓缩液使用 0.45 μm 有机针孔过滤器过滤至液相瓶中，作为土壤中甘草根系分泌物样品液。

将甘草根系分泌物 HPLC 图与九种有机酸标品 HPLC 图进行比对，发现甘草根系分泌物中存在草酸，疑似存在乳酸。制作草酸标准曲线，得其标准回归方程为：$Y=98709x+5.5897$，$R^2=0.9998$。

对甘草根系分泌物中的疑似乳酸成分进行加标试验，以确定甘草根系分泌物中是否真实存在乳酸。具体结果如图 6-4 与图 6-5 所示。

对比加标前后的 HPLC 图，发现无论是甘草幼苗还是一年生实生苗，其根系分泌物中的疑似乳酸成分峰面积在加标后均有显著提高，而其他成分的峰面积不发生变化，由此可以初步判定，乳酸也是甘草根系分泌物的成分之一。进一步制作乳酸标准曲线，得其标准回归方程为：$Y=608.00x+0.2407$，$R^2=1.0000$。

根据上述草酸和乳酸标准回归方程，对甘草根系分泌物中草酸和乳酸含量进行计算，甘草幼苗根系分泌物中草酸浓度为 0.0144 g·L⁻¹，平均每株甘草幼苗一昼夜分泌草酸 0.096 mg；甘草一年生实生苗根系分泌物中草酸浓度为 9.557×10^{-4} g·L⁻¹，平均每株实生苗一昼夜分泌草酸为 0.032 mg。甘草幼苗根系分泌物中乳酸浓度为 9.087×10^{-3} g·L⁻¹，平均每株

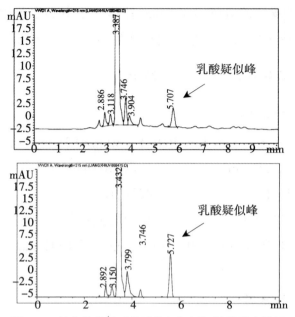

图6-4　甘草幼苗根系分泌物加标(乳酸)前后比较图

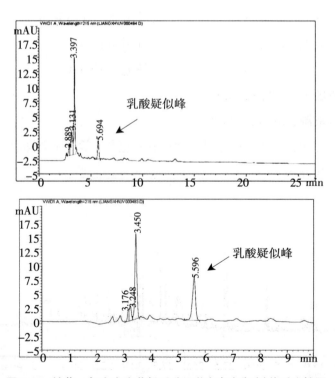

图6-5　甘草一年生实生苗根系分泌物加标(乳酸)前后比较图

甘草幼苗一昼夜分泌乳酸 0.061 mg;甘草一年生实生苗根系分泌物中乳酸浓度为 $1.038 \times 10^{-2}\, g \cdot L^{-1}$,平均每株实生苗一昼夜分泌乳酸为 0.346 mg。

6.2.2 甘草根系分泌物的 GC/MS 检测

6.2.2.1 GC 工作条件

色谱柱:CP–Sil8 Low Bleed/MS 柱(30 m×0.25 mm×0.25 μm)

流　速:0.8 mL·min⁻¹　　　　柱压:107 bar

进样量:1 μL　　　　　　　　载气:He

进样口温度:280℃　　　　　是否分流:否

柱温:采用升温程序(50℃保持 3 min,以 10℃·min⁻¹ 升温至 290℃,保持 15 min)

6.2.2.2 MS 工作条件

离子源:EI　　　　　　　　离子能:70eV

离子源温度:200℃　　　　　质量范围:29~350 m/z

扫描速度:全程 0.5 s　　　　接口温度:250℃

灯丝电流:150 μA　　　　　检测电压:350V

溶剂延迟时间:4.5 min

数据来源:Xcalibur 软件

计算方法:相对含量采用面积归一化法计算,每个样品 3 次重复。

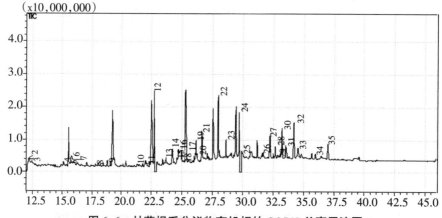

图 6-6　甘草根系分泌物有机相的 GC/MS 总离子流图

　　将前述甘草根系分泌物的有机相进行 GC/MS 检测,其总离子流图如图 6-6,经与标准质谱数据图库比对,甘草根系分泌物有机相共分离得到 35 种组分,对其进行鉴定,采用峰面积归一化计算方法,计算了各组分的相对百分含量。鉴定出其中的 15 种化合物(含硅的有机化合物未计算在内)(见表 6-1),占总检出量的 42.857%。混合物各组分主要为酯、烃、苯及苯酚等,少数为醚、胺、醛、噻唑等物质。

表 6-1　甘草根系分泌物有机相的 GC/MS 鉴定结果

Ret.Time	Conc	SI	Name	中文名	Mol.Weight	Mol.Form	结构式
29.699	28.72	90	Dimethyl phthalate	邻苯二甲酸二甲酯	194	$C_{10}H_{10}O_4$	
33.518	18.22	75	Methanimi-damide, N´-(4-methoxyphenyl)-N,N-dimethyl-	N´-(4-甲氧基苯基)-N,N-二甲基-甲烷酰亚胺酰胺	178	$C_{10}H_{14}N_2O$	
12.115	14.47	83	18,19-Secoyohimban-19-oic acid, 16,17,20,21-tetradehydro-16-(hydroxymethyl)-, methyl ester, (15.beta.,16E)-	—	352	$C_{21}H_{24}N_2O_3$	
15.932	12.95	85	Ethane, 1,1´-oxybis[2-ethoxy-]	二乙二醇二乙醚	162	$C_8H_{18}O_3$	
12.208	11.96	68	3-[(1Z)-1,3-Butadienyl]-4-vinylcyclopentene	3-[(1Z)-1,3-丁二烯基]-4-乙烯基环戊烯	146	$C_{11}H_{14}$	
32.209	9.34	95	Benzothiazole, 2-(methylthio)-	2-(甲硫基)苯并噻唑	181	$C_8H_7NS_2$	

续表

Ret.Time	Conc	SI	Name	中文名	Mol.Weight	Mol.Form	结构式
33.19	8.45	89	Diisobutyl phthalate	邻苯二甲酸二异丁酯	278	$C_{16}H_{22}O_4$	
33.883	6.27	78	Benzene, 1,1′-[oxybis(methylene)]bis[4-ethyl-	1,1′-[氧二(二甲基)]双[4-乙基]苯	254	$C_{18}H_{220}$	
29.893	4.69	81	18,18′-Bi-1,4,7,10,13,16-hexaoxacyclonon-adecane	18,18′-双-1,4,7,10,13,16-六氧环十九烷	554	$C_{26}H_{50}O_{12}$	
28.553	4.68	88	9-Hexadecenoic acid, methyl ester, (Z)-	(Z)-9-十六烯酸甲酯俗名:棕榈油酸甲酯	268	$C_{17}H_{32}O_2$	
29.4	4.64	94	Phenol, 2,4-bis(1,1-dimethylethyl)-	2,4-二(1,1-二甲基)苯酚	206	$C_{14}H_{22}O$	
22.755	4.4	96	Butylated Hydroxytoluene	丁基羟基甲苯	220	$C_{15}H_{24}O$	
28.884	4.34	72	1,1′-Biphenyl, 2,2′,5,5′-tetramethyl-	2,2′,5,5′-四甲基1,1′-联苯	210	$C_{16}H_{18}$	
27.969	4.13	90	3,5-Di-t-butyl-4-methoxy-1,4-dihydrobenzalde-hyde	3,5-二叔丁基-4-甲氧基-1,4-二羟基苯甲醛	250	$C_{16}H_{26}O_2$	
25.815	4.08	79	Pentanedioic acid, dibutyl ester	戊二酸二丁酯	244	$C_{13}H_{24}O_4$	

备注:统计中含Si的物质未计算在内。

6.3 甘草根际土 GC/MS 检测

根际土壤中甘草根系分泌物样品液 GC/MS 总离子流图见图 6-7,与标准质谱数据库查找比对,分离出 60 种组分,对混合物中的组分进行鉴定, 鉴定出其中的 40 种化合物（含硅的有机化合物未计算在内)(见表 6-2),占总检出量的 66.667%。采用峰面积归一化法,计算各组分的相对百分含量。混合物各组分主要为醇、酯、烃、醚、酮、胺等,极少数为吗啉、吡啶、喹啉、吡咯等环状物质,如 4-十八烷基吗啉,4-(1-吡咯烷基)吡啶,2,4-二甲基-5,6-二甲氧基-8-硝基喹啉,2,4-二甲基-5-醛基 3-氰基-吡咯。

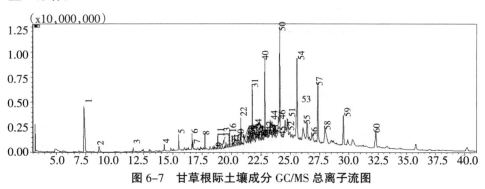

图 6-7 甘草根际土壤成分 GC/MS 总离子流图

表 6-2 甘草根际土壤中鉴定出的部分有机化合物

Ret.Time	Conc	SI	Name	中文名	Mol.Weight	Mol.Form	结构式
9.482	55.88	93	Ethanol，2-(2-ethoxyethoxy)-	2-(2-乙氧基乙氧基)乙醇	134	$C_6H_{14}O_3$	
28.673	34.8	96	Diisooctyl phthalate	邻苯二甲酸二异辛酯	390	$C_{24}H_{38}O_4$	
15.639	28.67	95	Benzene，2,4-diisocyanato-1-methyl-	2,4-二异酸甲苯酯	174	$C_9H_6N_2O_2$	

续表

Ret.Time	Conc	SI	Name	中文名	Mol.Weight	Mol.Form	结构式
16.483	23.41	85	Pyrrole–3–carbonitrile, 5–formyl–2,4–dimethyl–	2,4–二甲基–5–醛基 3–氰基–吡咯	148	$C_8H_8N_2O$	
22.094	23.16	97	Diisobutyl phthalate	邻苯二甲酸二异丁酯	278	$C_{16}H_{22}O_4$	
12.181	22.67	97	Bicyclo[2.2.1] heptan–2–one, 1,7,7–trimethyl–, (1R)–	樟脑	152	$C_{10}H_{16}O$	
22.496	22.32	97	1–Pentade–canamine, N,N–dimethyl–	N,N–二甲基十五胺	255	$C_{17}H_{37}N$	
9.545	19.48	86	Ethanol, 2–(2–methoxyethoxy)–	2–(2–甲氧基乙氧基)乙醇	120	$C_5H_{12}O_3$	
35.194	17.96	60	Fumaric acid, 2,5–dimethylphenyl dodecyl ester	富马酸2,5–二甲基苯十二烷基酯	388	$C_{24}H_{36}O_4$	
16.482	15.56	83	Pyridine, 4–(1–pyrrolidinyl)–	4–(1–吡咯烷基)吡啶	148	$C_9H_{12}N_2$	
18.845	15.21	96	Diethyl Phthalate	邻苯二甲酸二乙酯	222	$C_{12}H_{14}O_4$	
32.089	14.09	96	Squalene	角鲨烯	410	$C_{30}H_{50}$	
22.37	13.36	90	Undecanoic acid isopropyl ester, 10–hydroxy–11–morpholin–4–yl–	10–羟基–11–对氧氮己环–4–十一烷酸异丙酯	329	$C_{18}H_{35}NO_4$	
33.123	12.14	63	2,4–Dimethyl–5,6–dimethoxy–8–nitroquinoline	2,4–二甲基–5,6–二甲氧基–8–硝基喹啉	262	$C_{13}H_{14}N_2O_4$	
24.552	11.6	95	Morpholine, 4–octadecyl–	4–十八烷基吗啉	339	$C_{22}H_{45}NO$	

续表

Ret.Time	Conc	SI	Name	中文名	Mol.Weight	Mol.Form	结构式
16.911	11.28	84	1,3-Propanediol, 2-（hydroxymethyl）-2-nitro	2-羟甲基-2-硝基-1,3-丙二醇	151	$C_4H_9NO_5$	
9.4	10.99	87	Ethane, 1,1′-oxybis[2-ethoxy-]	二乙二醇二乙醚	162	$C_8H_{18}O_3$	
30.967	10.52	78	Oxalic acid, monoamide, N-（2-ethylphenyl）-, dodecyl ester	草酸单酰-N-（2-乙基苯）十二烷酯	361	$C_{22}H_{35}NO_3$	
17.017	10.17	92	Dimethyl phthalate	邻苯二甲酸二甲酯	194	$C_{10}H_{10}O_4$	

备注:统计中含 Si 的物质未计算在内。

6.4 结论

甘草根系分泌物(幼苗及实生苗)经 HPLC 分析后,鉴定存在草酸与乳酸这两种有机酸,而且甘草幼苗根系分泌的草酸量多于实生苗,而乳酸的分泌量则表现为甘草幼苗少于实生苗。

甘草根系分泌物 GC/MS 分析结果显示,甘草根系分泌物有机相混合物中鉴定出 15 种组分,甘草根际土样品液中鉴定出 40 种组分。在已鉴定的组分中,酯类物质在甘草根系分泌物有机相和根际土样品液中的数量均为最多,分别占 26.67% 与 42.11%,经过比对发现,甘草根系分泌物有机相的 15 种组分中,3 种也同时存在于甘草根际土壤中,这 3 种组分分别为:邻苯二甲酸二甲酯、二乙二醇二乙醚、邻苯二甲酸二异丁酯。

参考文献

[1] 张重义,林文雄. 药用植物的化感自毒作用与连作障碍[J].中国生态农业学报,2009,17(1):189-196.

［2］邱立友,戚元成,王明道,等. 植物次生代谢物的自毒作用及其与连作障碍的关系［J］. 土壤,2010,42（1）:1-7.

［3］孙跃春,林淑芳,黄璐琦,等. 药用植物自毒作用及调控措施［J］.中国中药杂志,2011,36（4）:387-390.

［4］蒋国斌,谈献和. 中药材连作障碍原因及防治途径研究［J］. 中国野生植物资源,2007,26（6）:32-34,51.

［5］王建花,陈婷,林文雄. 植物化感作用类型及其在农业中的应用［J］. 中国生态农业学报,2013,21（10）:1173-1183.

［6］廖海兵,李云霞,邵晶晶,等. 连作对浙贝母生长及土壤性质的影响［J］. 生态杂志,2011,30（10）:2203-2208.

［7］李振方,杨燕秋,谢冬凤,等. 连作条件下地黄药用品质及土壤微生态特性分析［J］. 中国生态农业学报,2012,20（2）:217-224.

［8］郝慧荣,李振方,熊君,等. 连作怀牛膝根际土壤微生物区系及酶活性的变化研究［J］. 中国生态农业学报,2008,16（2）:307-311.

［9］朱慧，马瑞君，吴双桃，等. 当归根际土对其种子萌发和幼苗生长的影响［J］. 生态学杂志,2009,28（5）:833-838.

［10］张子龙,王文全,王勇,等. 连作对三七种子萌发及种苗生长的影响［J］. 生态学杂志,2010,29（8）:1493-1497.

［11］简在友,王文全,孟丽,等. 人参属药用植物连作障碍研究进展［J］. 中国现代中药,2008,10（6）:3-5.

［12］张辰露,孙群,叶青. 连作对丹参生长的障碍效应 ［J］. 西北植物学报,2005,25（5）:1029-1034.

［13］王英,凯撒·苏来曼,李进,等. 不同苗龄伊贝母根系分泌物 GC-MS 分析［J］. 西北植物学报,2009,29（2）:0384-0389.

［14］Bais H P,Park S W,Weir T L,et al. How plants communicate using the underground information superhighway［J］. Trends Plant Sci.,2004,9（1）:26-32.

［15］李汛,段增强. 植物根系分泌物的研究方法［J］. 基因组学与应用生物学,2013,32（4）:540-547.

［16］涂书新,吴佳. 植物根系分泌物研究方法评述［J］. 生态环境学报,2010,19（9）:2493-2500.

7 内外因子对甘草酸生物合成关键酶基因 *GuSQS1* 和 *GubAS* 表达的影响

土壤中的铁、锰、铜、锌、硼、钼等微量元素是植物正常生长发育必需的微量元素。它们多是组成酶、维生素和生长激素的成分,直接参与有机体的代谢过程。土壤中的微量元素对药用植物生长和药材质量形成至关重要(曹治权,1993)。

MeJA 通过使细胞结构发生变化,细胞内膨胀很大的液泡和很多粗面内质网,从而影响次生代谢产物的合成。能单独或协同诱导植物的抗性反应和植保素(主要是萜类和黄酮类化合物)及生物碱类物质的产生,被认为是非常有效的诱导子。ABA 是一种倍半萜类化合物,作为植物最重要的激素之一,参与调控植物生长发育以及对干旱、高盐、低温及病菌等胁迫的应答。但其发挥生理作用的分子机制及信号通路的具体组分研究一直存在很大争议。高等植物体内脱落酸的生物合成有两条途径。一是 C_{15} 直接途径:3 个异戊二烯单位聚合成 C_{15} 前体——法呢基焦磷酸(FPP), 由 FPP 经环化和氧化直接形成脱落酸。另一个是高等植物中的 C_{40} 间接途径:先由甲羟戊酸(MVA)聚合成 C_{40} 前体——类胡萝卜素,再由类胡萝卜素裂解成 C_{15} 的化合物(任广喜,2016)。前人研究表明,ABA 是植物对逆境的反应和次生代谢产物之间的重要连接,并且所产生的次生代谢物质能够保护细胞免受环境胁迫的损害,因此可促进某些次生代谢产物的合成 (Ruiz-Sola MA,2012)。在丹参、山茶属植物 Orthosiphon stamineus Benth.(Ferrandmo A.,2014)和苔藓属植物 Marchantia polymorpha

（Mohd Hafiz Ibrahim Hawa Z.E. Jaafar., 2013）中均有 ABA 可以提高其次生代谢物质含量的报道。

过去,草酸长期以来被认为没有明显的生理作用,但近年来越来越多的研究发现草酸在植物体内有着不可忽视的生理作用和生态学意义（张英鹏,2007）。它参与植物体内 pH 值和渗透调节、参与植物体内钙的调节,它还可以增强植物的抗性,在非生物胁迫抗性中的作用表现为草酸可以增强营养离子活化、钝化重金属和提高植物抗逆性的作用（Franceschi V R, 2005）。近些年,研究者认为草酸作为有机酸类物质,是一种重要的化感物质。已有研究报道草酸能诱导丹参悬浮培养细胞中丹参酮和丹酚酸含量增加（张宗申,2009）。田鹏玮(2009)以人参悬浮细胞培养体系为对象,研究了草酸在光照和不同温度条件下对人参细胞生长及次生代谢物质积累的影响。发现在 12h/d 的光照下,0.01~1 mmol·L⁻¹ 的草酸对人参悬浮培养细胞生长和皂苷积累都有促进作用,而 10 mmol·L⁻¹ 的草酸对多糖积累有促进作用;在 4 个温度(22℃、24℃、26℃和 28℃)水平下,随着培养温度的升高,添加草酸对细胞生长的抑制作用增强,但有利于多糖和皂苷的积累。潘苗苗(2015)也发现,草酸具有一定的促进金铁锁悬浮细胞积累皂苷的作用,而且一定的光照(3000 lx)有利于草酸的诱导作用。

那么上述这些因子对甘草酸的生物合成具有怎样的影响? 本章内容正是对此进行初步研究的小结。

7.1 甘草根 RNA 的提取

所用试剂盒为大连宝生物公司出品的 MiniBEST Nucleic Acid Isolation Kits,货号 9769。具体步骤参照说明书进行。

7.2 反转录

在无 RNase 的已冷却处理过的 0.5mL 无菌离心管中依次加入模板 RNA:2.0 μL,Oligo d(T):3.0 μL,ddH$_2$O:3.0 μL,轻轻混匀该体系,70℃,保温 10 min;迅速转入冰浴,3 min。再依次向离心管中加入下列试剂:5×RT Buffer4.0 μL,dNTP1.0 μL,反转录酶 0.8 μL,Rasin(RRI)0.5 μL,ddH$_2$O 13.7 μL,至终体积 20.0 μL。轻轻混匀该体系,42℃,保温 60 min;然后再放置于 70℃,保温 15 min 后,将离心管置于冰浴上终止反应,-20℃保存备用。

7.3 引物的设计与合成

于 NCBI 查找 *GuSQS1* 基因(GenBank 登录号为 AM182329)、*GubAS* 基因(GenBank 登录号为 AB037203.1)及 *GuActin* 基因(GenBank 登录号为 EU190972),BioXM2.6 及 Primer Premier 5.0 软件设计特异引物。其中 Actin 基因引物序列为:*GuActin* F:5'-CCTCTCTCTTTATGCCAGTG-3',*GuActin*R:5'-GC TTCTCCTTTATGTCACGG-3'。扩增片段长度:229bp;角鲨烯合成酶基因引物序列为:*GuSQS1* F:5'- GGTCACTAATGCTTTGTT GC-3',*GuSQS1* R:5'-TAAC TA CACCTCCGAAGACT-3'。扩增片段长度:157bp;β-香树脂醇合成酶引物序列为:*GubAS* F:5'-ACAG AGAG AGGATGGTGGAT-3',*GubAS* R:5'-GCCAATCAC CCTCTTCCAAT-3'。扩增片段长度:209 bp。以上各引物由上海生物工程有限公司合成。

7.4 实时荧光定量 PCR

反应体系为:SYBR Premix:10.0 μL,5' Primer:0.8 μL,3'Primer:0.8 μL,

模板 cDNA:1.0 μL,ddH$_2$O:7.4 μL,总 计:20.0 μL

反应程序为:

GuSQS1 基因:94℃预变性 3min, 然后 94℃30 s,54℃30 s,72℃30 s, 共 32 个循环,最后 72℃延伸 5 min。*GubAS* 基因:94℃预变性 3 min,然后 94℃30 s,55℃30 s,72℃30 s,共 32 个循环,最后 72℃延伸 5 min。*GuActin* 基因:94℃预变性 3 min, 然后 94℃30 s,54℃30 s,72℃30 s, 共 26 个循环,最后 72℃延伸 5 min。

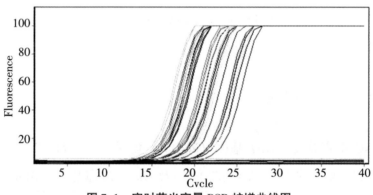

图 7-1　实时荧光定量 PCR 扩增曲线图

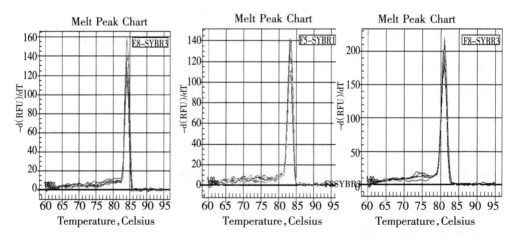

图 7-2　熔解曲线图(从左到右依次为 *GuActin*,*GubAS*,*GuSQS1*)

7.5 4种微量元素对甘草根中 *GuSQS1* 与 *GubAS* 基因表达的影响

以一定苗龄水培甘草幼苗为材料,研究 Mo、B、Mn、Zn 四种微量元素对甘草 *GuSQS1* 基因及 *GubAS* 基因表达的影响,试验分成四组,分别用 Mo、Mn、B、Zn 进行处理, 每组又设置五个浓度梯度(0%,0.05%,0.1%,0.15%,0.3%)处理,培养 7 天后取样。提取甘草幼苗根中总 RNA,然后通过 FQ-PCR 扩增目的片段。

不同浓度的 Mo、Mn、B、Zn 四种微量元素处理,均可调控甘草根中 *GuSQS1*、*GubAS* 基因的表达。具体表达效应如下:

1. Mo 处理对 *GuSQS1*、*GubAS* 基因的表达影响较小,但也有明显的变化趋势,起先随着 Mo 浓度的增大,*GuSQS1* 基因的相对表达量上升,当 Mo 浓度增大到 0.1%,*GuSQS1* 基因的相对表达量达到最大值 0.845,之后随着 Mo 浓度继续增大,*GuSQS1* 基因的相对表达量开始下降, 当 Mo 浓度增大到 0.3% 时,*GuSQS1* 基因的相对表达量下降至 0.427。*GubAS* 基因的相对表达量随着 Mo 浓度的增大呈下降趋势,Mo 浓度从 0%增大到 0.3%,*GubAS* 基因的相对表达量却从 10.363 下降至 6.468。

2. Mn 处理对 *GuSQS1*、*GubAS* 基因的表达影响较大, 变化趋势明显且两关键酶基因的表达变化趋势类似, 随着 Mn 浓度的增大,*GuSQS1* 及 *GubAS* 基因的相对表达量上升, 当 Mn 浓度增大到 0.1%,*GuSQS1* 及 *GubAS* 基因的相对表达量达最高,*GuSQS1* 基因的相对表达量达到最大值 2.716,*GubAS* 基因的相对表达量也同期达到最大值 17.148,之后随着 Mn 浓度继续增大,*GuSQS1* 及 *GubAS* 基因的相对表达量均开始下降,当 Mo 浓度增大到 0.3% 时,*GuSQS1* 基因的表达量下降至 0.439,*GubAS* 基因的表达量下降至 2.085。

说明微量元素锰在 0.1%的处理浓度时,可以有效提高甘草根中甘草酸生物合成途径中两个关键酶 *GuSQS1* 基因和 *GubAS* 基因的表达。

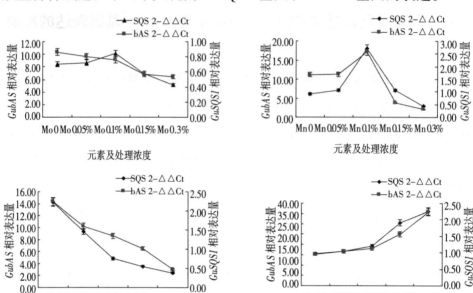

图 7-3　4 种微量元素系列浓度梯度处理甘草幼苗 *GuSQS1* 基因和 *GubAS* 基因的相对表达量

3. B 处理对 *GuSQS1*、*GubAS* 基因的表达影响较大,有明显的变化趋势且两者表达的变化趋势类似,*GuSQS1* 及 *GubAS* 基因的表达量都随着 B 浓度的增大呈下降趋势,当 B 浓度从 0 增大到 0.3%,*GuSQS1* 基因的表达量从 2.227 下降至 0.386,*GubAS* 基因的表达量从 14.354 下降至 2.962。

4. Zn 处理对 *GuSQS1*、*GubAS* 基因的表达影响较大,*GuSQS1* 及 *GubAS* 基因的表达量都随着 Zn 浓度的增大而增大,当 Zn 浓度从 0 增大到 0.3%,*GuSQS1* 基因的表达量从 0.961 上升至 2.255,*GubAS* 基因的表达量从 15.294 上升至 35.753。

4 种微量元素处理下,*GuSQS1* 基因的相对表达量显著低于 *GubAS* 基因。

7.6 MeJA 和 ABA 对甘草根中 *GuSQS1* 与 *GubAS* 基因表达的影响

为了研究 MeJA 和 ABA 对甘草 *GuSQS1*、*GubAS* 基因表达的影响,本试验将水培的甘草幼苗分成三组,一组为对照,另外两组分别用 100 μmol·L⁻¹ 的 MeJA、ABA 进行处理,处理 1 h、3 h、6 h、9 h、12 h、1 d、2 d 及 3 d 后取样。采用 Trizol 试剂提取甘草幼苗根中总 RNA,然后通过 FQ-PCR 扩增目的片段。

对甘草幼苗分别外源添加 100 μmol·L⁻¹ 的 MeJA 或 ABA 处理后,

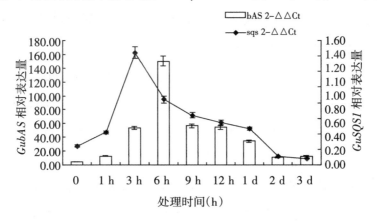

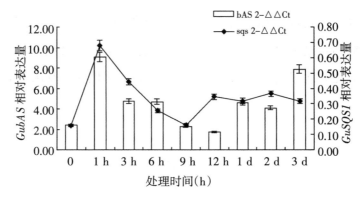

图 7-4 100 μmol·L⁻¹MeJA 和 100 μmol·L⁻¹ABA 处理甘草幼苗 *GuSQS1* 基因和 *GubAS* 基因的相对表达量

注:上图为 100 μmol·L⁻¹MeJA 处理,下图为 100 μmol·L⁻¹ABA 处理

GuSQS1、*GubAS* 基因的表达量发生了显著的变化，说明 100 μmol·L⁻¹ 的 MeJA 或 ABA 均可以有效的调控 *GuSQS1*、*GubAS* 基因的表达，其中 MeJA 的作用效果高于 ABA。具体表达效应如下：

1. 100 μmol·L⁻¹ 的 MeJA 处理后，随着处理时间的延长，*GuSQS1*、*GubAS* 基因的表达量都是先迅速增加后减小，最后表达量低于未处理前。其中，*GuSQS1* 基因的表达量在处理后迅速上升，在处理后 3 h 时表达量最高，达到顶峰值 1.446，之后则开始下降，下降的速度缓于上升的速度，到 3 d 时下降为 0.082，低于未处理前。*GubAS* 基因的表达量在处理后也迅速增加，但在处理后 6 h 时表达量最高，达到顶峰 150.123，之后则开始下降，下降的速度缓于上升的速度，到 2 d 时下降为 10.679，之后变化不显著，均低于未处理前。

2. 100 μmol·L⁻¹ 的 ABA 处理后，随着处理时间的延长，*GuSQS1*、*GubAS* 基因的表达量都是先增加后减小，然后又有所增加，最后表达量均高于未处理前。其中，*GuSQS1* 基因的表达量在处理后迅速上升，在处理后 1 h 时表达量最高，达到顶峰值 0.680，之后则开始下降，下降的速度缓于上升的速度，到 9 h 时下降为 0.161，接近未处理前的 0.157，之后又有所增加，并维持在一定水平，平均为 0.336，显著高于处理前。*GubAS* 基因的表达量在处理后也迅速的增加，也在处理后 1 h 时表达量最高，达到顶峰值 9.084，之后则开始下降，下降的速度缓于上升的速度，到 12 h 时下降为 1.729，表达量低于处理前，之后又显著增加，表达量均高于未处理前。

7.7 草酸对甘草根中 *GuSQS1* 与 *GubAS* 基因表达的影响

7.7.1 系列浓度梯度草酸水培处理甘草幼苗

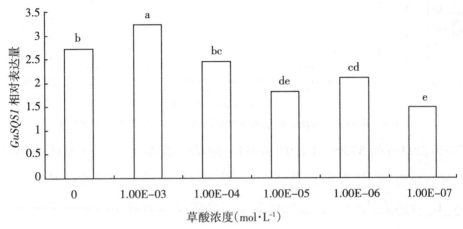

图 7-5　系列浓度梯度草酸处理下甘草幼苗 *GuSQS1* 基因的相对表达量

以系列浓度梯度草酸(1×10^{-3} mol·L^{-1} 至 1×10^{-7} mol·L^{-1})处理甘草幼苗 3 d 后,取样所处理各甘草幼苗根部,提取 RNA,反转录,实时荧光定量 PCR 检测 *GuSQS1* 和 *GubAS* 两基因的表达情况,发现系列浓度草酸处理显著影响水培甘草幼苗 *GuSQS1* 基因的表达。其中,1×10^{-3} mol·L^{-1} 的草酸处理显著促进 *GuSQS1* 基因的表达,相对表达量较之对照提高了 19.0%;1×10^{-5} mol·L^{-1}、1×10^{-6} mol·L^{-1} 与 1×10^{-7} mol·L^{-1} 的草酸处理显著抑制 *GuSQS1* 基因的表达,相对表达量较之对照分别下降了 33.1%、22.6% 和 45.4%;1×10^{-4} mol/L 的草酸处理对 *GuSQS1* 基因的表达影响不显著(见图 7-5)。总体而言,系列浓度草酸处理对水培甘草幼苗 *GuSQS1* 基因表达的影响呈现低浓度抑制高浓度促进的的变化趋势。

系列浓度梯度草酸处理显著影响水培甘草幼苗 *GubAS* 基因的表达。1×10^{-3} mol·L^{-1}、1×10^{-4} mol·L^{-1}、1×10^{-6} mol·L^{-1} 和 1×10^{-7} mol·L^{-1} 的草酸处理均显著抑制 *GubAS* 基因的表达,相对表达量分别降低了 64.4%、

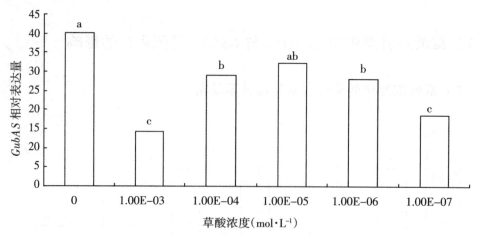

图 7-6　系列浓度梯度草酸处理下甘草幼苗 *GubAS* 基因的相对表达量

27.8%、29.9%和53.8%；1×10^{-5} mol·L^{-1} 的草酸处理对 *GubAS* 基因的表达影响不显著（见图7-6）。总体而言，系列浓度草酸处理对水培甘草幼苗 *GubAS* 基因表达的影响呈现低浓度与高浓度均抑制中间浓度无影响的的变化趋势。

短期（3 d）处理结果表明，系列浓度梯度草酸处理对甘草幼苗中 *GuSQS1* 基因表达呈现低浓度抑制高浓度促进的调控趋势，而对 *GubAS* 基因，则呈现低浓度与高浓度均抑制中间浓度无影响的调控趋势。其中，1×10^{-5} mol·L^{-1}、1×10^{-6} mol·L^{-1} 与 1×10^{-7} mol·L^{-1} 草酸下调 *GuSQS1* 基因的表达，1×10^{-3} mol·L^{-1} 草酸上调 *GuSQS1* 基因的表达；1×10^{-3} mol·L^{-1}、1×10^{-4} mol·L^{-1}、1×10^{-6} mol·L^{-1} 与 1×10^{-7} mol·L^{-1} 草酸下调 *GubAS* 基因的表达。

结合第六章甘草根系分泌物 HPLC 的草酸鉴定结果，为探究自然分泌浓度状态下草酸对两种甘草酸合成关键酶基因的影响，下面的研究内容均为将草酸处理浓度确定为 1×10^{-4} mol·L^{-1} 进行的试验。

7.7.2 草酸对甘草幼苗根中 *GuSQS1* 和 *GubAS* 基因表达的影响

甘草水培幼苗在 1×10^{-4} mol·L^{-1} 草酸处理下，随不同处理时间变化，甘草幼苗根部 *GuSQS1* 和 *GubAS* 基因的表达均产生了明显的变化。其中

在 1×10^{-4} mol·L^{-1} 草酸处理 24 h 时，甘草幼苗根部 *GuSQS1* 和 *GubAS* 基因的相对表达量均明显高于对照。

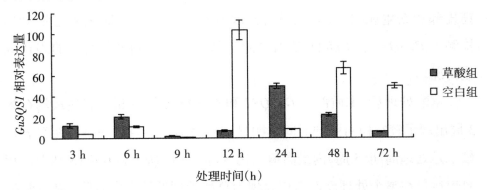

图 7-7　草酸处理对甘草幼苗 *GuSQS1* 基因表达的影响

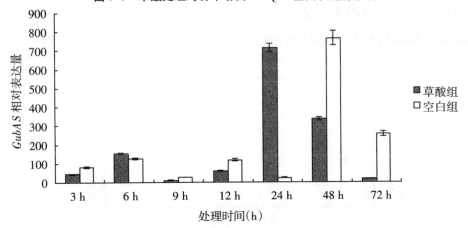

图 7-8　草酸处理对甘草幼苗 *GubAS* 基因表达的影响

7.7.3 草酸对甘草实生苗 *GuSQS1* 和 *GubAS* 基因表达的影响

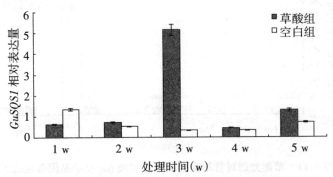

图 7-9　草酸处理对甘草实生苗木质部 *GuSQS1* 基因表达的影响

　　为了进一步研究草酸处理下 *GuSQS1* 和 *GubAS* 基因在甘草不同部位的表达差异，将草酸叶面喷施处理后的一年生甘草实生苗按木质部、韧皮部和新生侧根三部分取样，提取 RNA，反转录，实时荧光定量 PCR 检测了 *GuSQS1* 和 *GubAS* 基因在此三部分中随不同处理时间的表达变化情况。

　　草酸处理后，木质部中 *GuSQS1* 和 *GubAS* 基因的相对表达量均在第 3 周出现了较空白对照同时间段明显的高峰值，而且这一高的相对表达量也是处理周期（5 周）内最高值。韧皮部中 *GuSQS1* 和 *GubAS* 基因的相对表达量在整个处理周期内均表现为草酸处理低于空白对照。新生侧根中 *GuSQS1* 基因的相对表达量只在处理第 3 周明显高于空白对照，而 *GubAS* 基因的相对表达量则在处理第 2 周和第 3 周均高于空白对照。

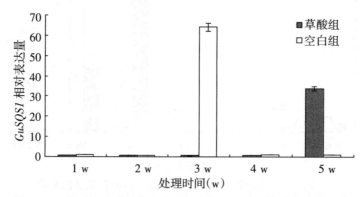

图 7-10　草酸处理对甘草实生苗韧皮部 *GuSQS1* 基因表达的影响

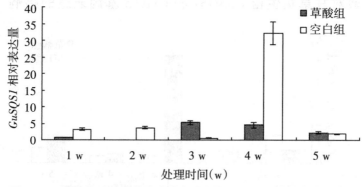

图 7-11　草酸处理对甘草实生苗新生侧根 *GuSQS1* 基因表达的影响

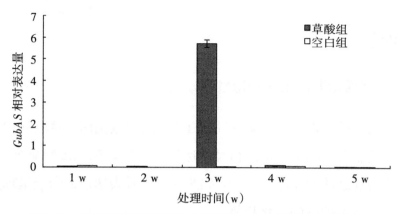

图 7-12　草酸处理对甘草实生苗木质部 *GubAS* 基因表达的影响

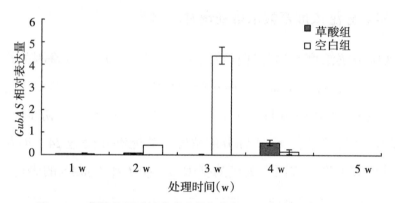

图 7-13　草酸处理对甘草实生苗韧皮部 *GubAS* 基因表达的影响

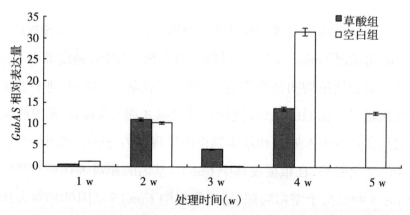

图 7-14　草酸处理对甘草实生苗新生侧根 *GubAS* 基因表达的影响

7.8 结论

7.8.1 浓度梯度草酸水培处理甘草幼苗

在 1×10^{-3} mol·L^{-1} 至 1×10^{-7} mol·L^{-1} 的浓度范围内，草酸处理对水培甘草幼苗根部 *GuSQS1* 基因相对表达量的影响呈现低浓度显著抑制、高浓度显著促进的变化趋势，对 *GubAS* 基因相对表达量的影响呈现高浓度低浓度均显著抑制的变化趋势。

7.8.2 实际分泌浓度草酸水培处理甘草幼苗

实际分泌浓度水培处理甘草幼苗后，其根部 *GubAS* 基因的相对表达量在处理 24 h 时明显高于空白对照。而 *GuSQS1* 基因的相对表达量则除了该时段外，在处理初期(3~6 h)也明显高于空白对照。初步说明，对于甘草幼苗在水培条件下，实际分泌浓度草酸能够在处理 24 h 时长范围内上调甘草酸生物合成两个关键酶基因 *GuSQS1* 和 *GubAS* 的表达。

7.8.3 实际分泌浓度草酸叶面喷施处理一年生甘草实生苗

实际分泌浓度处理一年生甘草实生苗后，各部位 *GuSQS1* 和 *GubAS* 基因表达情况不同。在处理 3 周时，甘草根木质部、韧皮部中 *GuSQS1* 基因的相对表达量均明显高于空白对照，但在新生侧根中则未表现出相同的变化趋势。相同的处理时段内(处理第 3 周)，*GubAS* 基因的相对表达量则只在甘草根木质部和新生侧根内呈现与 *GuSQS1* 基因的相对表达量相同的变化趋势，在根韧皮部中 *GubAS* 基因的相对表达量在草酸处理第 4 周时才明显高于空白对照，新生侧根中 *GubAS* 基因的相对表达量在处理第 2 周较之空白对照稍高，但在其他处理时段，均表现为低于空白对照。

以上研究结果初步说明,对于一年生甘草实生苗,采用叶面喷施处理的方式,实际分泌浓度草酸能够在处理 3 周这样的一个时长范围内上调甘草酸生物合成两个关键酶基因 *GuSQS1* 和 *GubAS* 的表达。

参考文献

[1] 曹治权. 微量元素与中草药[M]. 北京:中国中医药出版社,1993:79.

[2] 任广喜. 甘草酸合成调控网络中 ABA 关键功能基因 NCEDs 变异对甘草酸合成的影响研究[D]. 北京:北京中医药大学,2016,20.

[3] Ruiz-Sola MA,Rodriguez,ConcepcionM. Carotenoid biosynthesis in Arabidopsis:a colorful pathway[J]. Arabidopsis Book. 2012,10:158.

[4] Ferrandmo A.,Lovisolo C., Abiotic stress effects on grapevine(VitisviniferaL.): Focus on abscisic acid –mediated consequences on secondary metabolism and berry quality[J]. Environmental and Experimental Botany,2014,103:138–147.

[5] Mohd Hafiz Ibrahim Hawa Z.E. Jaafar. Abscisic Acid Induced Changes in Production of Primary and Secondary Metabolites,Photosynthetic Capacity,Antioxidant Capability Antioxidant Enzymes and Lipoxygenase Inhibitory Activity of Orthosiphon stamineus Benth. Molecules[J]. 2013,18,7957–7976.

[6] 张英鹏,杨运娟,杨力,等. 草酸在植物体内的累积代谢及生理作用研究进展[J]. 山东农业科学,2007,6:61–67.

[7] Franceschi V R,Nakata P A. Calcium osalate in plants: formation and function [J]. Annual Review of Plant Biology,2005,56:41–71.

[8] 张宗申,田鹏玮,刘同祥,等. 草酸促进丹参悬浮细胞生长和丹参酮、酚酸的积累[J]. 中国中药杂志,2009,34(7):919–921.

[9] 田鹏玮,刘同祥,张宗申. 草酸促进人参愈伤组织细胞生长和人参多糖与皂苷积累的研究[J]. 时珍国医国药,2009,20(9):2197–2198.

[10] 潘苗苗,杨雨迎,张健,等. 草酸对金铁锁悬浮培养细胞的影响[J]. 大连工业大学学报,2015,34(6):396–400.

缩写词表

缩写词	英文名称	中文名称
GC/MS	Gas chromatography mass spectrometer	气相色谱质谱
HPLC	High performance liquid chromatography	高效液相色谱
MVA	Mevalonate	甲羟戊酸
IPP	Isopentenylallyl diphosphate	异戊二烯焦磷酸
DMAPP	Dimethylallyl diphosphate	二甲丙烯焦磷酸
SQS(SS)	Squalene synthase	鲨烯合成酶
β–AS	β–amyrin synthase	β–香树脂醇合成酶
SQ	Squalene	角鲨烯
MeJA	Methyl jasmonate	茉莉酸甲酯
ABA	Abscisic acid	脱落酸
GA	Gibberellin	赤霉素
JA	Jasmonic acid	茉莉酸
N	Nitrogen	氮
P	Phosphorus	磷
K	Potassium	钾
Cu	Copper	铜
Fe	Iron	铁
Mn	Manganese	锰
B	Boron	硼
Zn	Zinc	锌
Mo	Molybdenum	钼
Ca	Calcium	钙
Mg	Magnesium	镁